KB016299

아인슈타인의 생각

사토 후미타카 지음 | 김효진 옮김

AK

일러두기

1. 이 책은 국립국어원 외래어 표기법에 따라 외국 지명과 외국인 인명을 표기하였다.

2. 서적 제목은 겹낫표(『 』)로, 논문 제목은 홑화살괄호(〈 〉)로 표시하였으며, 그 외 인용, 강조, 생각 등은 따옴표를 사용하였다.
    예)『두 우주 체계에 대한 대화』,『물리는 어떻게 진화했는가』,
        〈특수 상대성 이론〉,〈빛의 발생과 변화에 관한 발견적 관점에 대하여〉

3. 이 책은 산돌과 Noto Sans 서체를 이용하여 제작되었다.

머리말

여러분은 아인슈타인이라는 과학자에 대해 혹은 상대성 이론이나 블랙홀에 대해 들어본 적이 있는가?

들어보았다면 아마도 우주와 관련된 내용으로 알고 있을 것이다. 물론, 블랙홀은 우주에 관한 이야기이지만 블랙홀의 존재를 예언한 상대성 이론은 우주에만 국한된 이론은 아니다.

아인슈타인이 20세기 초에 발견한 상대성 이론은 뒤를 이어 탄생한 양자역학과 함께 현대 물리학의 기초가 된 이론이다. 텔레비전과 컴퓨터의 보급, X선 등의 의료장치, 우주 왕복선 발사, 원자력 이용 등의 기술은 상대성 이론과 양자역학의 등장으로 물리학의 사고방식이 크게 바뀌지 않았다면 모두 존재하지 않았을 것이다. 좋든 나쁘든 상대성 이론과 양자역학은 현대 사회의 성립에 커다란 영향을 미쳤다. 알베르트 아인슈타인은 아이작 뉴턴 이후의 물리학계에 엄청난 변화를 몰고 온 중심인물이다.

이 책의 제1장에서는 아인슈타인의 상대성 이론이 예언한 '상식적으로 생각할 수 없는' 이상한 세계로 여러분을 안내한다. 이어지는 제2장에서는 여러분도 잘 아는 갈릴레오 갈릴레이나 뉴턴과 같은 인물들이 만든 물리학의 역사를 다뤄본다.

제3장에서는 드디어 아인슈타인이 등장한다. 아인슈타인이 태어나고 자란 환경, 그가 어떤 생각을 가지고 있었는지, 아인슈타인의 일생과 특수 상대성 이론에 대한 이야기이다. 상대성 이론은 자신의 머리로, 깊이 고찰해보아야 한다.

제4장부터는 중력 이론을 포함한 일반 상대성 이론에 대해 이야기한다. 아인슈타인을 중심으로 물리학 연구의 변천에 대해서도 이야기한다. 제5장에서는 상대성 이론의 예언이 실제 현상을 통해 검증된 이야기, 제6장에서는 상대성 이론이 개척한 우주의 새로운 지식에 대해 살펴본다.

두 번의 세계대전을 겪은 아인슈타인은 늘 평화를 염원했다. 과학적 지식이 가져온 강력한 힘을 인류는 어떻게 사용해야 하는가. 아인슈타인의 생애는 우리에게 소중한 가르침을 준다.

목차

제1장
상대성 이론의 이상한 세계

빛의 속도

이제부터 여러분을 '상대성 이론'의 세계로 안내한다. 상대성 이론은 속도가 빨라지면 질량이 커진다거나 중력重力이 강한 곳에서는 시간이 느리게 가고 공간이 휘어진다거나 블랙홀이라는 미지의 천체가 만들어진다는, 상식을 초월한 불가사의한 현상을 다수 예언했다. 그리고 그런 현상들이 실제로 일어나는 것으로 밝혀졌다. 하지만 우리 주변에서 그런 이상한 현상을 목격하기란 쉽지 않다.

물론, 우리 주위에서도 상대성 이론의 물리 법칙은 성립한다. 다만, 상대성 이론의 효과는 물체의 속도가 빛의 속도에 가까워지거나 강한 중력에 의해 가속된 입자의 속도가 빛의 속도에 가까워지는 등 빛의 속도에 가까워지는 현상이 있을 때에 한해 뚜렷이 나타난다. 우리 주위에서 일어나는 현상은 상대성 이론에 정확히 부합하지만 그 효과가 눈에 보이지 않을 뿐이다.

먼저, 빛의 속도가 얼마나 빠른지에 대해 살펴보자. 그래야만 우리 주위에서 상대성 이론의 효과가 뚜렷이 나타나지 않는 이유를 이해할 수 있다.

지상에서 가장 빠른 탈것을 꼽는다면 고속철도를 들 수

있다. 고속철도는 시속 약 200km의 매우 빠른 속도로 운행한다. 초속으로 따지면 약 55m이다. 그보다 더 빠른 것으로는 비행기나 제트기가 있다. 최신 제트기는 음속의 약 0.8배에 이르는 속도로 비행한다. 거의 음속이라고 볼 수 있다. 음속은 공기 중에서 초속 약 330m로 진행한다.

소리는 단단한 물체에서 더 빠르게 전달된다. 예컨대, 철 속에서는 초속 5km로 진행한다. 상당히 빠른 속도이다. 이보다 2배나 빠른 속도로 움직이는 것이 지구 주위를 도는 인공위성이다. 인공위성의 공전 속도는 초속 10km 정도이다.

로켓이 지구의 중력권을 빠져나가려면 초속 11km 이상의 탈출 속도가 필요하다. 그 이하이면 다시 지구로 되돌아온다. 1980년 토성의 아름다운 모습을 담은 사진을 지구로 보내온 무인 우주탐사선 '보이저호號'는 초속 20km로 비행했다고 한다. 초속 20km라는 상당히 빠른 속도로 토성까지 가는 데 3년 2개월이 걸렸다.

토성 근처에 있는 보이저호와 교신하려면 시간이 얼마나 걸릴까. '어느 위치의 사진을 찍어달라'거나 '방향을 바꾸라'는 등을 전파로 지시하는 것이다. 시간은 1시간 반

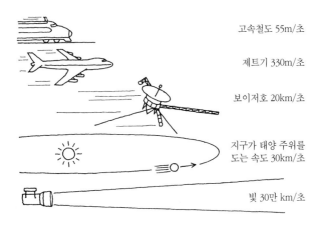

고속철도 55m/초

제트기 330m/초

보이저호 20km/초

지구가 태양 주위를
도는 속도 30km/초

빛 30만 km/초

가까이 걸린다. 보통 느린 것이 아니다. 하지만 보이저호
가 3년 2개월 걸린 거리를 전파는 1시간 반 만에 도달했으
니 전파가 얼마나 빠른지 알 수 있을 것이다. 전파와 빛의
속도는 같다.

　그런데 우리는 이미 오래전부터 이 초속 20km 속도의
우주탐사선에 필적하는 '탈것'을 타고 있다. 바로 지구이
다. 지구는 태양 주위를 돌고 있다. 그 속도는 초속 30km
이다.

　빛의 속도는 초속 30만 km이다. 지구의 공전 속도보다

약 1만 배 빠르다. 빛은 토성까지 1시간 반이면 가지만, 보이저호는 3년 2개월이 걸린다. 거의 1만 배 차이이다.

우리 주변에서 지구의 공전 속도, 즉 초속 30km보다 빠른 것은 거의 없다.

미시 세계

언제, 어떤 물체든 빛의 속도의 1만분의 1가량의 느린 속도로만 움직일 수밖에 없는 것일까. 확실히 크고, 눈에 보이는 것 중에서 지구보다 빠른 것은 없다. 하지만 눈에 보이지 않는 원자나 소립자의 세계 이른바 '미시 세계'에 는 빛의 속도에 가깝게 움직이는 물질이 수없이 많다.

예를 들면, 전기를 전달하는 전자라는 입자가 있다. 텔레비전 브라운관이나 X선 발생장치 혹은 암 치료 등에 쓰이는 방사선 발생장치 등에서 입자는 전기적으로 굉장히 빠른 속도로 가속된다. 그 속도는 앞서 살펴본 커다란 물체에 비하면 훨씬 더 빛의 속도에 가깝다. 특히 방사선 발생장치에서는 빛의 속도의 10분의 1 혹은 절반 가까이 가속된다.

지구

    입자를 전기적으로 가속하는 장치는 물리학 연구에 널리 쓰인다. 이런 장치를 '입자가속기'라고 한다. 입자를 거의 빛의 속도까지 가속하는 입자가속기도 있다. 이를테면 빛의 속도의 0.99999999배까지 가속할 수 있다. 현재는 그런 현상까지 제어할 수 있게 되었다.

    미시 세계의 현상에서는 상대성 이론의 효과가 뚜렷이 나타난다. 상대성 이론은 미시 세계를 포함한 우리 주변에서 일어나는 모든 현상을 이해하는 기본 법칙이다.

    그럼 이제 상대성 이론의 효과가 뚜렷이 나타나는 몇 가지 특별한 현상을 살펴보자.

시간이 느려진다

먼저, 빛에 가까운 속도로 움직이는 물체는 '오래 사는' 효과가 있다. 빛에 가까운 속도로 움직이면 시간이 느리게 간다는 것이다.

가령 빛의 속도의 0.9배, 즉 90%의 속도로 비행하는 로켓이 있다고 하자. 그 로켓을 타고 1년간 우주여행을 하고 돌아왔다. 로켓에 타고 있는 사람의 시계로 1년이 지난 후 돌아온 것이다. 그런데 지구에 있는 사람의 시계로는 1년이 아니다. 대략 2년 4개월이 지난 후였다. 로켓이 더 빠른 속도로 비행하면 그 차이는 더 커진다. 멈춰 있는 사람의 눈에는 움직이는 사람의 시계가 느리게 가는 것처럼 보인다.

반대로, 로켓에 타고 있는 사람의 눈에는 지구에 있는 사람이 움직이고 있기 때문에 지구에 있는 사람의 시간이 느리게 가고 더 오래 사는 것처럼 보일까. 실은 그렇지 않다. 로켓을 타고 여행하는 사람과 일정한 속도를 유지하

고 있는 사람 사이에는 분명한 차이가 있다. 이 경우에는 로켓에 타고 있는 사람의 시간이 더 느리게 흐른다.

　시간이 길어지거나 다르게 가는 효과는 중력의 강약과 관계가 있다. 예컨대, 지구의 해수면과 산 정상에서는 중력의 크기가 다르다. 해수면보다 높고 지구에서 멀어질수록 지구의 중력은 약해진다. 중력이 강한 곳과 약한 곳에서 시간은 다르게 간다. 중력이 강한 곳은 약한 곳에 비해 시간이 느리게 간다. 극단적으로 말하면, 산 정상에 있는 시계와 산 아래에 있는 시계는 산 정상에 있는 시계가 더 빨리 간다. 더 오래 살고 싶으면 산 아래 있으면 된다.

길이가 줄어든다

이번에는 물체의 크기가 다르게 보이는 효과이다. 움직이는 물체는 본래의 길이보다 줄어들어 보인다. 예를 들어 빛의 속도의 0.9배로 움직이는 물체가 있다고 하자. 본래 1m였던 물체가 50cm 정도로 보인다. 물체의 길이가 운동 방향 쪽으로 줄어들어 보이는 효과이다. 이렇게 시간이나 길이의 척도가 운동에 의해 달라진다. 운동에 의해 달라진다기보다 운동하는 물체를 측정할 때의 척도가 달라지는 것이다. 시간이나 공간을 측정하는 척도에 대한 상식을 뛰어넘는 사고가 필요하다.

질량이 늘어난다

다음으로 소개할 특별한 효과는 질량質量이 늘어나는 현상이다. 물체에 힘을 가해 가속시키면 속도가 점점 빨라진다. 그런데 아무리 가속해도 빛의 속도를 뛰어넘지 못한다. 빛의 속도는 모든 물체 혹은 모든 에너지가 전달되는 속도의 최고 속도이다. 그것이 상대성 이론의 전제이다. 그렇기 때문에 아무리 힘을 가해 가속시켜도 빛의 속도보다 빨라질 수 없다.

그러면 조금 이상한 일이 일어난다. 속도가 빨라진다는 것은 물체의 에너지가 높아진다는 것이다. 더 많은 힘을 가해 에너지를 높여도 빛의 속도에 가까워지면 더는 에너지가 높아지지 않는다. 계속해서 힘을 가하고 가속시켜 에너지를 높이려고 하지만 역시 속도는 거의 늘지 않는다. 그래도 계속해서 에너지를 줄 수 있다. 에너지는 점점 커지지만 속도는 늘지 않는다. 대체 어떻게 된 일일까.

속도는 늘지 않지만 질량이 늘어난다. 에너지는 점점 커지지만 속도는 늘지 않고 질량이 점점 늘어나는 것이다.

앞에서와 마찬가지로, 빛의 속도의 0.9배로 움직이는 물체를 예로 들어보자. 빛의 속도의 0.9배로 움직이는 물체는 정지해 있을 때보다 질량이 2.3배가량 늘어난다. 빛의 속도에 가까워질수록 질량은 더욱 커진다.

앞서 이야기한 입자가속기라는 장치를 이용하면 질량을 더 크게 만들 수 있다. 가령 10배 혹은 100배까지 늘릴

고에너지 물리학연구소의 입자가속기

수 있다. 현재의 입자가속기는 질량을 1만 배까지 늘릴 수 있다고 한다.

지구에는 에너지가 아주 높은 우주 방사선이 쏟아져 들어온다. 그런 우주 방사선 안에서 1억 배 혹은 10억 배나 질량이 큰 입자가 발견되었다. 그 입자는 엄청난 에너지를 가지고 있고 거의 빛의 속도에 가깝지만, 역시 빛의 속도에는 못 미치는 속도로 움직인다.

이런 질량과 에너지의 관계는 매우 중요한 의미를 갖는다. 상대성 이론의 중요한 발견 중 하나인 '질량과 에너지는 동등하다'는 사실의 발견이다.

예를 들어, 1g의 물체가 있다고 하자. 이 물체를 전부 에너지로 바꿀 수 있다면 그것만으로도 섭씨 0도의 물 약 10만 톤을 100도까지 끓일 수 있다.

물론, 그런 쓸데없는 일을 하는 사람은 없겠지만 달리 말하면, 1kg의 물질을 전부 에너지로 바꾸면 일본의 하루치 에너지 소비량을 충당할 정도의 엄청난 에너지가 된다.

상대성 이론은 질량이 방대한 에너지를 갖고 있다는 것을 발견했다. 물론, 질량을 전부 에너지로 바꾸는 실제 과정이 항상 존재하는 것은 아니다. 석유나 석탄이 연소하는 것처럼 화학적 반응으로 발생하는 에너지는 질량이 100% 에너지로 바뀌는 것이 아니다. 실제로는 극히 일부분이다. 1억분의 1도 되지 않는다. 극히 일부의 질량이 에너지로 바뀔 뿐이다. 그에 비해 원자력 에너지는 질량의 1,000분의 1 혹은 1만분의 1까지 에너지로 바꿀 수 있다. 그리고 입자와 반입자가 반응하는 경우에는, 질량의 100%가 에너지로 바뀐다.

'질량과 에너지는 동등하다'는 발견으로 원리적으로는 모든 질량을 에너지로 바꿨을 때 나오는 에너지의 양을 계산할 수 있게 됐다. 이처럼 상대성 이론은 물질이 가진 거대한 에너지에 대해 눈뜨게 해주었다는 면에서 큰 공을 세웠다.

공간이 휘어진다

이번에는 또 다른 상대성 이론의 효과에 대해 이야기해보자. 중력이 강한 곳에서는 공간이 휘어진다는 것이다.

먼저, 공간이 휘어진다는 말의 의미를 이해할 필요가 있다. 이를테면 '삼각형의 내각의 합은 180°이다'라는 기하학적 공리는 평면 위에서는 성립한다. 그런데 지구의 표면과 같은 구면 위에 삼각형을 그릴 경우, 삼각형의 내각의 합은 180°가 아니다. 아주 큰 삼각형을 떠올려보자. 적도에 밑변이 있고 또 다른 꼭짓점이 북극에 있는 삼각형이 있다면, 밑변의 양쪽 각만 해도 180°가 되는 만큼 내각의 합은 180°보다 클 것이다.

이렇게 휘어진 공간의 경우, 여기서는 2차원의 휘어진 공간이지만 그런 곡면상의 기하학과 평면상의 기하학은 다르다.

이것을 이번에는 우리가 사는 3차원 세계에서 생각하

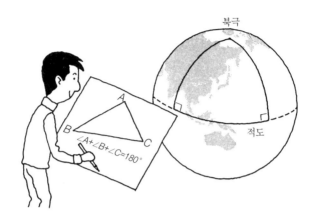

면, 휘어진 3차원 공간에서도 역시 차이가 있다. 휘어진 3
차원의 공간에서 삼각형의 내각의 합은 180°보다 크거나
평행선이 교차하는 등 다양한 기하학 법칙이 달라진다.

　다음으로 중력이 강하다는 것은 무엇일까. 중력이 강하
다는 것 역시 빛의 속도와 관계가 있다. 가령 어떤 중력권
안에서 물체가 가속될 때, 그 물체의 속도가 빛의 속도에
가까워진다면 중력이 강한 것이다.

　이를테면 지구의 중력은 약하다. 어떤 의미에서 약한
가 하면, 아주 먼 곳에서 지구의 중력에 의해 가속되어 떨
어지는 물체가 지상에 도달했을 때의 속도는 대략 초속

11km로 빛의 속도에 비해 매우 느리기 때문이다. 빛의 속도의 약 3만분의 1가량으로 아주 느린 속도이다. 태양의 중력은 조금 더 강하다. 태양의 표면으로 떨어지는 물체의 속도는 지구보다 수십 배 더 빠르다. 하지만 여전히 빛의 속도에 비하면 느리다. 그렇기 때문에 태양의 중력도 약한 중력이다.

그런데 최근 발견되고 있는 중성자별이나 블랙홀과 같은 천체의 중력은 굉장히 강하다. 중성자별의 경우, 낙하하는 물체의 속도는 빛의 속도의 10분의 1 혹은 수분의 1 정도이다. 블랙홀은 그야말로 빛의 속도에 도달한다. 이렇게 강한 중력이 작용하는 장소에서는 공간이 더 크게 휘어진다.

공간이 휘어진다는 것, 그리고 중력이 강하다는 것이 무엇인지에 대해 각각 이야기해보았다. 그렇다면 중력이 강한 곳에서 공간이 휘어지면 무슨 일이 일어날까.

예컨대 내가 서 있는 자리에서 건너편에 놓아둔 거울을 향해 빛을 쏘아 반사되는 모습을 관찰하려고 한다. 빛은 중력이 강한 곳을 지나도록 한다. 보통 빛은 거리를 빛의 속도로 나눈 시간에 돌아오는데, 중력이 강한 곳을 지나면

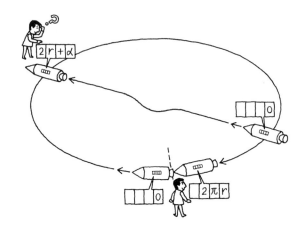

빛이 돌아오는 시간은 계산한 시간보다 더 길어진다. 중력에 의해 공간이 휘어진 장소를 지나면서 시간이 지체된 것이다.

별의 중력 때문에 공간이 휘어지면 무슨 일이 일어나는지 조금 더 이야기해보자. 가령 중력이 약한 곳, 중심에 있는 별에서 충분히 떨어진 장소에서 원을 그리고 그 원의 둘레를 재보았더니 $2\pi r$이었다고 하자. 그러면 이쪽에서 중심을 지나 건너편까지 가는 거리는 보통 반지름의 2배, 즉 $2r$이라고 예상한다. 그런데 예상과 달리 원의 중심을 지나는 지름을 쟀더니 더 길었다. '중력에 의해 공간이 휘어졌기'때문이다. 중력이 약한 곳에서 본 원둘레圓周로 예상되는 지름보다 안쪽의 공간이 더 긴 것이다.

우주 공간

우리가 사는 우주 공간 전체도 휘어져 있다. 우주에는 물질이 가득 차 있다. 그런 물질에 의한 중력도 방대하다. 즉 우주 전체가 매우 강한 중력권이라고 할 수 있다. 그렇기 때문에 공간이 휘어지거나 닫히는 일도 일어난다.

닫힌 공간에서는 매우 기묘한 일이 발생한다. 예를 들어 하늘의 한 방향, 이를테면 북쪽으로 계속해서 로켓을 쏘아 보낸다고 하자. 로켓은 점점 지구에서 멀어진다. 점점 더 멀리 간다. 그러면 어느새 남쪽에서 지구로 되돌아올 것이다. 어느 방향으로 가든 제자리로 되돌아온다.

2차원의 닫힌 공간을 생각하면 쉽게 이해할 수 있다. 2차원의 닫힌 공간은 이를테면 구의 표면이 이에 해당한다. 지구상에서, 지구의 표면을 따라 일정 방향으로 가다 보면 어느 쪽으로 가든 제자리로 되돌아온다. 일본에서

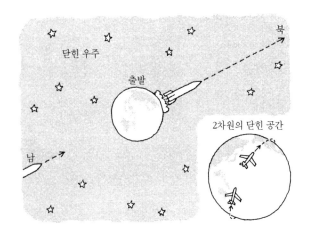

비행기를 타고 먼저 미국으로 가서 유럽을 지나 계속해서 같은 방향으로 비행하면 일본으로 되돌아온다. 마찬가지로, 우주의 어느 방향으로 가든 제자리로 되돌아올 수도 있다.

그런 우주 공간을 '닫힌 우주'라고 한다. 공간의 성질이 물질의 존재에 의해 바뀌는 것이다. 그런 공간에서 어떤 기하학이 성립할지는 공간에 존재하는 물질의 양과 그 물질이 어느 정도의 중력을 만드는지에 따라 결정된다. 그것이 상대성 이론의 결론이다.

우리는 수학 시간에 기하학을 배운다. 수학과 물리를 전혀 별개라고 생각하는 사람도 많을 것이다. 하지만 잘 생각해보면, 실제 공간에는 다양한 물질이 존재한다. 아무것도 존재하지 않는 공간이 있을까. 물질이 존재하는 공간, 물질이 가득 차 있는 공간에서 물질의 영향을 받아 공간의 성질이 바뀌는 일도 일어날 수 있지 않을까. 곰곰이 생각하면 그런 의문이 든다. 상대성 이론은 기하학의 법칙이 물질의 존재에 의해 영향을 받는다는 것을 밝혀냈다.

블랙홀

더욱 기묘한 성질을 가진 블랙홀에 대해 살펴보자. 블랙홀은 중력이 아주 강하기 때문에 일어나는 다양한 특성을 지녔다. 블랙홀의 엄청난 중력에 의해 끌려들어간 물체는 밖으로 빠져나올 수 없다. 아무리 속도가 빨라도 블랙홀을 빠져나올 수 없다. 한마디로 '빛조차도 탈출하지 못한다'는 것이다. 세상에 빛보다 빠른 것은 없다. 그러니 빛조차 탈출하지 못한다는 것이 가장 강한 조건이다.

예컨대 태양과 비슷한 질량을 가진 별이 붕괴하면서 만

들어진 블랙홀의 반지름은 대략 3km이다. 상당히 작다. 현재 태양의 반지름은 그보다 약 100만 배쯤 크기 때문에 굉장히 작아진 것이다. 질량을 유지한 채 극도로 수축하면 그 주변에는 엄청난 중력이 생기면서 모든 물질을 끌어당긴다. 중력에 의해 끌려 들어가면 다시 빠져나올 수 없는 경계면을 '지평면'이라고 한다. '지평선의 면'이라는 뜻이다. 이 지평면의 반지름이 태양과 비슷한 질량을 가진 경우, 대략 3km이다.

지금으로부터 10년 전쯤 백조좌 성좌에서 매우 강한 X선을 방출하는 별이 발견됐다. 그리고 다양한 연구를 통해 이 별 부근에 블랙홀이 존재한다는 것이 밝혀졌다. 지평면의 반지름이 수십 km에 이르는 블랙홀이 있다고 한다.

앞서 이야기했듯이 블랙홀은 한번 끌려 들어가면 빛조차 빠져나올 수 없다. 하지만 빛은 항상 같은 속도로 진행한다. 빛이 점점 느려지거나 멈추는 일은 없다. 빛은 항상 같은 속도로 진행한다.

이렇게 같은 속도로 진행하는 물질이 빠져나올 수 없다는 것은 무척 이상한 일이다. 그도 그럴 것이, 반지름이 고작 수십 km 혹은 100km라도 상관없지만 어쨌든 유한한 거리를 일정 속도로 진행하는데 아무리 시간이 지나도 빠져나올 수 없다니 상식적으로 이해가 되지 않는다. 물론 물체가 중력이 있는 곳을 위로 올라갈 때는 점점 속도가 느려지기 때문에 결국 멈춰버릴 수도 있다. 하지만 빛은 속도가 느려지지 않기 때문에 그런 일은 있을 수 없다. 그런데 그런 일이 일어나는 것이다.

지평면에서는 빛이 빠져나오지 못할 뿐 아니라 모든 움직임이 멈춰버린다. 블랙홀 주변, 빛이 접근할 수 있는 지평면 바깥에서 원자가 방출하는 빛을 보고 있다고 생각해보자. 그 빛은 에너지가 아주 작은 빛으로 보인다. 빛의 에너지는 빛의 진동수나 파장으로 나타내는데, 에너지가 작아진다는 것은 진동수가 작아지거나 파장이 길어진다는 것이다. 그렇기 때문에 원자는 파장이 짧은 푸른빛을 방출하지만 내 눈에는 파장이 긴 붉은빛으로 보인다.

지평면 근처와 그곳에서 멀리 떨어져 중력의 효과가 거의 미치지 않는 장소는 시간이 다르게 간다. 앞에서도 이야기했지만, 중력이 강한 곳에서는 시간이 느리게 가는 효과 때문이다. 블랙홀이나 중성자별처럼 중력이 아주 강한 장소에 놓아둔 시계와 그곳에서 멀리 떨어진 곳에 둔 시계는 같은 시계라도 얼마 후 비교하면 흐른 시간이 다르다. 중력이 강한 곳에 놓아둔 시계는 중력이 약한 곳에 둔 시계에 비해 시간이 많이 흐르지 않는다는 것이다.

빛의 속도는 유한하다

마지막으로, 빛의 속도가 유한한 만큼 우주라는 광대한 공간을 생각할 때는 세심한 주의가 필요하다는 이야기를 하려고 한다. 그것은 상대성 이론을 몰라도 당연히 아는 것이다. 다만, 평소 우리가 빛의 속도를 거의 무한대로 생각하기 때문에 쉽게 알아차리지 못할 뿐이다. 하지만 우주라는 광대한 공간을 생각할 때는 중요해진다. 또 상대성 이론을 설명하기 전에 먼저 기억해두어야 하는 것이다.

'빛의 속도는 일정하다'는 것은 상대성 이론의 전제이다. 빛의 속도는 항상 초속 약 30만 km이다. 지금까지 이야기했듯이 빛의 속도는 굉장히 빠르다. 어떤 장소에서 불을 켜면 멀리 떨어진 장소에서도 그 순간 불이 켜진 듯 보인다. 그런데 실은 그렇지 않다.

요즘은 일상적으로 국제전화를 할 수 있다. 전화로 내

가 말한 내용이 상대방에게 전달되려면 아무리 빨라도, 전파로 보낸다 해도 빛의 속도만큼의 시간이 걸린다. 일정 시간이 걸리는 것이다. 빛의 속도는 1초에 지구를 7바퀴 반을 돌기 때문에, 지구 반대편에 사는 사람과 교신하는 데는 십수분의 1초가 걸린다. 또 상대방의 대답이 돌아오는 데 그만큼의 시간이 걸리기 때문에 아무래도 직접 마주 보고 이야기할 때와 달리 더디게 느껴질 수 있다. 하지만 1초도 채 되지 않는 시간이다.

미국의 아폴로 계획의 경우에는 인간이 달까지 갔다. 달에 있는 우주비행사와 교신할 때는 거의 1초가 걸린다. 토성에 간 보이저호의 경우에는 편도로 1시간 반가량 걸린다. 지구에서 보낸 지시가 잘 전달됐는지 확인할 수 있는 것은 3시간여가 지난 후이다. 이쯤 되면 빛도 느리게 느껴진다.

거리가 짧은 경우에 빛은 순간적으로 도달하는 듯 보이지만, 빛의 속도가 유한하기 때문에 늦어질 수도 있다는 것을 늘 염두에 두어야 한다.

실제로 음속이 유한한 것은 조금이라도 거리가 멀어지면 금방 알 수 있다. 예컨대 초 단위를 다투는 육상 경기에서는 선수들의 출발을 알리는 '탕'하는 권총 소리를 듣고 스톱워치를 누르는 것이 아니라 흰 연기가 보였을 때 눌러야 한다고 한다. 소리가 도달하는 데 시간이 걸리기 때문이다. 이 경우에도 연기가 순간적으로 보였다, 빛이 순간적으로 도달했다고 생각하지만 실은 빛도 조금 늦게 도달한다.

과거의 모습을 보고 있다

이를테면 거울로 보는 자신의 모습도 실은 지금의 자신이 아니다. 손을 올려도 손을 올린 순간을 보는 것이 아니라 손을 올린 모습의 빛이 거울을 통해 반사된 것을 보고 있는 것이기 때문에 그만큼 시간이 걸린 것이다. 거울로 보는 모습은 자신의 과거의 모습이다.

모든 현상에 대해서도 그렇게 말할 수 있다. 태양을 보고 있다고 하자. 지금 태양 표면에서 무언가 폭발하는 것이 보였다. 하지만 폭발은 결코 지금 이 순간 일어난 일이 아니다. 태양에서 지구까지 빛이 도달하는 데 약 8분이 걸리기 때문에 폭발은 8분 전에 일어난 일이다. 보이저호에

서 무언가가 관측됐다면 그것은 앞서 말한 것처럼 1시간 반 전에 관측된 것이다.

그런 식으로 점점 더 먼 곳을 보는 것이다. 태양과 가장 가까운 항성은 약 4광년 거리에 있다. 그 항성의 모습도 실은 현재의 모습이 아니다. 우리가 보는 항성은 4년 전의 모습이다. 그리고 더욱 먼, 이를테면 다른 은하계는 200만 광년 이상 멀리 떨어져 있기 때문에 우리는 200만 년 전 혹은 그 이전의 모습을 보는 것이다. 더 먼 곳을 보면 100 억 년 전의 모습까지도 볼 수 있다.

이처럼 빛의 속도도 광대한 우주 공간에서는 실로 느리게 느껴진다. 빛의 속도로만 신호가 전달된다는 것을 반드시 염두에 두고 다양한 현상을 생각해야 한다.

서로 떨어진 장소에서 어떤 사건을 볼 때, 눈에 보인다는 것은 그곳에서 빛이 도달했다는 것이다. 하지만 동시에 일어난 것처럼 보였다고 해서 실제 각각의 장소에서 동시에 일어난 일이라고는 할 수 없다.

이제부터 상대성 이론에 대해 이야기할 텐데 먼저, 지금 이야기한 '빛의 속도는 유한하다'는 것을 꼭 기억하기 바란다. 빛의 속도가 유한하다는 것을 염두에 두고 우리 주변에서 일어나는 일들을 새롭게 해석해야 한다. 평소 빛이 무한히 빠르다고 생각하기 때문에 미처 깨닫지 못했던 것들도 빛도 조금 늦게 도달한다고 생각하면 달라질 수 있다. 먼저, 그 점에 대해 생각해보려고 한다.

그 점을 깊이 생각하면 여러 가지 의문이 떠오른다. 예를 들어 빛의 속도가 유한하다면 그것을 따라잡을 수도 있지 않을까. 혹은 빛의 속도로 빛을 따라가면 빛은 정지한 것처럼 보일까 아니면 조금 느리게 보일까. 상대성 이론은 그런 궁금증에서 시작되었다.

그리고 이 빛의 운동에 관한 문제가 꼬리에 꼬리를 물고 공간의 휘어짐이나 블랙홀 그리고 중력 문제로까지 발전했다. 아무 관련도 없어 보이는 문제가 아주 밀접하게 연관돼 있는 것이다.

그런 빛의 문제부터 블랙홀까지의 간극을 메운 인물이 아인슈타인이다. 아인슈타인은 청년 시절 당시 물리학의 커다란 과제였던 '빛의 문제'에서 출발해 '특수 상대성 이론'을 정립하고, 더 나아가 '일반 상대성 이론'을 이끌어내면서 우주의 다양한 현상을 이해하는 완전히 새로운 관점을 도입했다. 특수 상대성 이론은 단순히 전기의 학문으로서만이 아니라 원자력이나 소립자 등 뜻하지 않은 방향으로 전개되었다.

지금 이야기한 몇몇 상식을 초월한 현상들이 그대로 우리 주위에서 일어나고 있지는 않지만 그런 상식을 뛰어넘는 현상까지 통합적으로 설명할 수 있는 이론이 우리 주위에서 일어나는 현상들의 기초가 된다는 것을 이해할 필요가 있다.

제2장
갈릴레이에서 아인슈타인으로

갈릴레이의 상대성 원리

이번 장에서는 아인슈타인의 상대성 이론이 등장하기까지의 물리학의 발전을 역사적으로 살펴보려고 한다.

먼저, 상대성 이론은 '지동설'과 관계가 있다는 이야기를 하려고 한다. 예부터 자연과학은 밤하늘의 행성과 달의 운동, 혹은 태양의 운동과 항성이 만드는 성좌의 운동과 같은 천체의 운동을 이해하기 위해 점점 더 정교하게 발전했다. 그중에서도 지금의 근대적 과학으로 이어지는 중요한 출발점이 된 것이 폴란드의 천문학자 니콜라우스 코페르니쿠스가 제창한 '태양 중심설'이다.

니콜라우스 코페르니쿠스
(1473~1543)

당시에는 천체의 운동을 지구를 중심으로 태양을 비롯한 항성과 행성들이 돌고 있다고 생각했다. 그런데 코페르니쿠스는 태양을 중심에 두고 지구를 비롯한 다양한 행성들이 돌고 있다고 주장했다. 지금으로 말하면 '태양계의 모형'을 제창한 것이다.

이 가설은 단순히 천체의 운동을 이해하는 하나의 획기적인 변화에 그치지 않고, 지상과 천체의 현상을 같은 방식으로 이해하려는 최초의 시도였다. 코페르니쿠스 이후 요하네스 케플러라는 인물이 등장했다. 케플러는 코페르니쿠스의 가설을 발전시켜 행성의 운동이 완전한 원이 아닌 타원 운동을 한다는, 더욱 관측 자료에 맞는 모델을 만들어냈다. 하지만 상대성 이론과의 관계에서 더욱 중요한 성과를 이룬 인물은 갈릴레이였다.

이탈리아 출신의 갈릴레이는 망원경을 이용해 달의 표면이나 태양의 흑점을 최초로 관측하는 등 다양한 발견을 했다. 그중에서도 가장 중요한 성과는 상대성 원리를 발견

요하네스 케플러
(1571~1630)

갈릴레오 갈릴레이(1561~1642)

한 것이다.

사실 상대성 이론이라는 사고방식은 아인슈타인이 처음 발견한 것이 아니다. 일찍이 갈릴레이가 지동설 속에서 전개한 사고방식이었다. 물론 아인슈타인의 상대성 이론과 갈릴레이의 상대성 원리는 다르지만, 상대성이라는 형태로 물리학 법칙을 생각한 것은 갈릴레이가 처음 시도했다. 지금으로부터 무려 400년 전의 일이다.

당시는 아직 코페르니쿠스의 가설이 완전히 받아들여지기 전이었다. 단순히 천체의 운동을 이해한다는 관점에서라면, 태양을 중심에 둔 코페르니쿠스의 가설과 그 이전의 지배적인 견해였던 지구를 중심으로 천체가 돌고 있다는 관점은 어떤 의미에서는 같은 것이다.

운동은 상대적이다. 예컨대 내가 지금 저쪽으로 움직이는 사람을 보고 있다고 하자. 내가 볼 때 저 사람은 움직이고 있다. 그런데 저 사람이 볼 때는 내가 움직이는 것이다. 가끔 전철 두 대가 나란히 달리는 것을 볼 수 있다. 두 전철이 같은 속도로 달리고 있다면 전혀 움직임을 느끼지 못한다. 또 내가 탄 전철이 멈춰 있을 때 다른 전철이 출발하면 내가 탄 전철이 움직이는 것 같은 기분이 들기도 한다. 이렇게 운동은 완전히 상대적인 것이다. 그렇기 때문에 태양을 중심에 둔 견해나 지구를 중심에 둔 견해는 어떤 의미에서는 같은 것이다.

그래도 지구는 돈다

코페르니쿠스의 가설과 그 이전의 지구 중심설 간의 가장 큰 차이는 '지구가 움직인다'는 것이다. 한쪽은 '지구가 움직인다'고 하고 다른 한쪽은 '지구는 움직이지 않는다'고 주장했다. 그런 관점에서 코페르니쿠스의 가설을 '지동설'이라고 한다. 운동을 관찰하는 관점에서는 어느 쪽이든 같다. 하지만 지구가 움직인다면 왜 우리는 지구의 움직임을 느끼지 못하는 것일까. 당시에도 지동설에 대한 다음과 같은 반론이 제기되었다.

예컨대 탑 위에서 돌을 떨어뜨리면 돌이 땅에 닿기까지 시간이 걸린다. 그동안에도 지구는 움직인다. 그렇다면 돌을 수직으로 떨어뜨려도 약간 서쪽으로 비껴난 장소에 떨어지지 않을까. 돌이 떨어지는 동안에도 지면은 서쪽에서 동쪽으로 움직이고 있으니 조금 비껴서 떨어질 것이라는 생각이었다. 하지만 실제로는 그렇지 않다. 돌은 항상 지면에 수직으로 떨어지기 때문에 '지구가 움직인다'는 것은 터무니없는 주장이라고 말했다.

얼핏 듣기엔 맞는 말 같지만, 갈릴레이는 그런 반론에 또다시 반론을 펼쳤다. 갈릴레이는 『두 우주 체계에 대한 대화』라는 책에서 이 문제에 대해 자세히 논했다.

그의 논점은 이런 것이었다. 먼저, 배를 탔다고 생각하자. 배는 일정 속도로 일정 방향을 향해 움직인다. 이제 돛대에 올라 물체를 아래로 떨어뜨려보자. 물체는 배가 움직이든 움직이지 않든 수직으로 떨어진다.

또 이렇게 이야기하기도 했다. 이번에는 창이 없는 선실에 들어갔다고 하자. 선실 안에서는 파리 한 마리가 날아다니고 물방울이 똑똑 떨어지거나 어항 속에서 물고기가 헤엄치는 등 다양한 일들이 일어나고 있지만, 이런 일

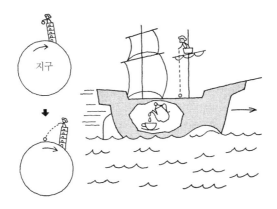

들은 배가 움직이든 움직이지 않든 차이가 없다.

그도 그럴 것이, 배가 출발하거나 멈출 때는 속도가 바뀌기 때문에 움직임을 느낄 수 있다. 하지만 같은 속도로 움직이는 배 안에서는 전혀 움직임을 느낄 수 없다. 갈릴레이는 움직이는 지구를 움직이는 배와 같다고 생각하면 된다고 말했다.

당연한 이야기라고 생각할 것이다. 하지만 굉장히 중요한 발견이었다. 배가 움직이든 움직이지 않든 돛대에서 떨어뜨린 돌은 수직으로 떨어진다. 따라서 배의 움직임을 느낄 수 없다. 어떤 현상이든 배가 움직이거나 움직이지 않을 때가 다르지 않다. 배가 움직이거나 움직이지 않는 것은 완전히 상대적이라는 사실을 발견한 것이다.

익히 알고 있듯이 갈릴레이는 지동설을 주장했다는 이유로 종교재판에 회부되어 "지동설을 포기하겠다"는 서약을 했다. 당시 교회는 우주의 중심은 지구이며 지구는 움직이지 않는다는 주장을 받아들이고, 그와 반대되는 가설은 인정하지 않았기 때문이다. 갈릴레이는 종교재판에서 유죄 판결을 받은 후에도 "그래도 지구는 돈다"라고 말했다고 한다.

과학적 진리는 권력에 의해 바뀔 수 없다는 것을 일깨우는 유명한 일화이다. '그래도 지구는 돈다'는 말의 의미를 조금 바꿔서 상대성 이론에도 그대로 적용할 수 있다. 탑 위에서 돌을 떨어뜨리면 지구가 움직이든 움직이지 않든 돌은 수직으로 떨어진다. 지구가 움직여도 돌은 수직으로 떨어진다. 돌이 수직으로 떨어져도 '그래도 지구는 돈다'는 것이다. 이것이 상대성 이론이다.

좌표계

상대성 이론을 이야기하기 전에 먼저 '좌표계'라는 관점을 이해할 필요가 있다. 좌표계를 이용하면 물체의 위치를 정확한 숫자로 나타낼 수 있으며, 어떤 좌표계든 자유롭게 이용할 수 있다.

예컨대 바다 위에 배가 떠 있다고 하면 이 바다에 정지해 있는 좌표계를 생각할 수 있다. 바다에 줄을 긋는다고 생각하면 된다. 아니면 배에 정지해 있는 좌표계를 생각할 수도 있다. 이때는 배에 눈금이 표시돼 있다고 생각하면 된다. 이렇게 두 좌표계를 설정했다고 하자.

그러면 배에 고정된 좌표계는 바다에 고정된 좌표계에 대해 움직이고 있다. 한쪽에서 보면 다른 한쪽의 좌표계가 움직이는 것이다. 반대로, 배에서 보면 바다가 움직인다. 배가 진행하는 방향과 반대 방향으로 움직이는 것처럼 보인다. 이처럼 서로 운동하는, 다양한 좌표계를 떠올릴 수 있다.

다양한 좌표계 사이의 속도, 즉 어떤 좌표계에서 다른 좌표계를 보았을 때의 속도가 일정한 경우를 생각할 수 있다. '서로 일정 속도로 움직이는 좌표계에서 운동을 보는 경우, 그 운동의 법칙은 일정하다'는 것이 갈릴레이의 상대성 원리이다. 우리는 늘 이 상대성 원리를 이용하고 경

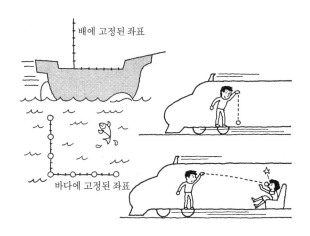

배에 고정된 좌표

바다에 고정된 좌표

험하고 있다.

가령 고속철도를 탔다고 하자. 고속철도는 시속 200km로 달리고 있다. 앞서 갈릴레이가 배에서 생각한 것처럼, 이번에는 고속철도의 통로에 서서 약 1m 높이에서 10원짜리 동전을 떨어뜨렸다. 동전은 분명 수직으로 떨어진다.

갈릴레이의 가설을 반대했던 사람들의 말처럼 움직이는 고속철도에 타고 있으니 10원짜리 동전이 객차 뒤쪽으로 떨어진다면 동전 하나 떨어뜨리는 것도 굉장히 위험할 수 있다. 1m 높이에서 떨어지는데 약 0.45초가 걸린다. 고속철도가 시속 200km로 달리면 초속이 55m이기 때문에 동전은 0.45초에 24m가량 뒤쪽으로 날아갈 것이다. 하지만 그런 일은 일어나지 않는다. 10원짜리 동전을 떨어뜨렸을 때 뒤로 날아가지 않는다는 것, 이것이 상대성 이론이다.

다시 말해 우리는 움직일 때도 멈춰 있을 때와 똑같은 경험을 한다는 것이다. 따라서 지면에 정지해 있는 좌표계와 움직이는 좌표계 중 어느 한쪽이 우위라거나 물리 법칙을 기술하는 데 있어 기준을 따지는 것은 의미가 없다. 모든 것은 움직이고 또 움직이지 않는다고도 할 수 있다. 모든 운동은 상대적이다. 운동의 법칙 혹은 일반적인 물리 법칙을 기술하는 데 있어 모든 좌표계는 동등하다.

뉴턴의 역학

갈릴레이는 이런 상대성의 원리를 낙하의 법칙을 통해 발견했다. 그리고 갈릴레이에 이어 그가 세상을 떠난 해에 영국에서 태어난 아이작 뉴턴이 등장했다.

뉴턴은 갈릴레이의 낙하 법칙을 포함한 모든 운동의 법

아이작 뉴턴(1643~1727)

칙을 수학적으로 완성했다. 뉴턴의 역학, 이른바 힘과 운동의 학문의 완성이 어떤 의미에서 오늘날에 이르는 자연과학의 기초가 되었다.

뉴턴 역학의 가장 큰 성과는 코페르니쿠스와 케플러가 주로 연구한 천체 운동의 법칙과 갈릴레이가 고찰한 지상에서의 물체의 운동 법칙, 이 두 가지를 통합한 이론을 발견한 것이다.

뉴턴에 관한 일화 중에 그가 사과가 떨어지는 것을 보고 중력의 법칙을 발견했다는 이야기가 있다. 그 이야기는 한편으로 뉴턴의 연구 내용을 잘 보여준다.

뉴턴은 달이 지구 주위를 도는 것과 물체가 땅에 떨어지는 것이 같다는 것을 이해하기 쉬운 그림을 그려 설명했다. 예를 들어 높은 산에서 물체를 던지면 아래로 떨어진다. 옆으로 던지는 속도를 점점 빠르게 하면 점점 더 멀리 간다. 지구는 둥글기 때문에 옆으로 점점 더 빠르게 던지면 결국 지구를 빙 돌게 된다는 것이었다. 그는 달의 운동도 마찬가지라고 말했다. 뉴턴은 사과를 떨어뜨리는 힘과 달을 끌어당기는 힘이 같다는 인식을 가능케 했다.

그는 이 뉴턴 역학으로 천체의 운동뿐 아니라 진자라거나 그 밖의 다양한 지상의 운동 법칙을 이끌어내는 데 성공했다. 뉴턴 역학은 당연히 갈릴레이의 상대성 원리를 충족한다. 이른바 운동을 기술할 때의 좌표계는 서로 일정 속도로 움직이는 좌표계끼리는 어느 한쪽이 우위에 있지 않고 양쪽이 대등하다는 것이다. 두 좌표계는 완전히 상대적이며 평등하다.

뉴턴 역학의 위력

이 사실을 조금 어렵게 말하면 '좌표계 변환에 대해 역학의 법칙은 불변한다'는 것이다. 좌표계 변환이라는 것은, 어떤 좌표계에 대해 일정 속도로 움직이는 다른 좌표계로 변환한다는 뜻이다. 가령 지표면에 정지해 있는 좌

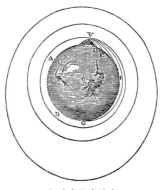

뉴턴의 중력 원리

표계에서 고속철도와 함께 움직이는 좌표계로 바꾼다는 의미이다. 그렇게 변환해도 운동의 법칙은 변하지 않는다. 그렇기 때문에 고속철도 안에서도 10원짜리 동전은 아래로 떨어지고, 지면에서도 10원짜리 동전은 아래로 떨어진다.

　뉴턴 역학의 완성은 다양한 방면에서 절대적인 위력을 발휘했다. 예컨대 천체의 운행에 대해서도 매우 정확한 계산 결과를 내놓을 수 있게 되었다. 그리고 천체의 운행이 뉴턴 역학으로 추정한 결과와 맞지 않는 경우에는 오히려 결과에 부합하는 미지의 행성의 존재까지 예측할 수 있게 되었다. 실제로 해왕성은 그렇게 해서 발견되었다.

천왕성의 운동을 관찰했더니 이론과 맞지 않았다. 이론에 부합하지 않는 다른 이유, 가령 근처에 다른 행성이 있을 것이라고 예상했다. 그런 예상을 근거로 면밀히 관찰한 결과, 해왕성을 발견한 것이다. 그만큼 뉴턴 역학의 위력은 대단했다.

한편 뉴턴 역학은 1986년 핼리 혜성이 다시 나타날 것이라고 예측했다. 뉴턴이 세상을 떠난 얼마 후에도 핼리 혜성의 접근이 문제시되었다. 뉴턴 역학으로 이 핼리 혜성의 궤도와 궤도 주기를 정확히 맞히자 뉴턴 역학의 위상은 더욱 높아졌다.

뉴턴 역학은 이런 천체의 운동뿐 아니라 '음향학'에도 큰 발전을 가져왔다. 음音은 물체가 진동하면서 발생한다. 이런 진동 운동도 뉴턴 역학으로 완벽하게 기술할 수 있다. 또 유체와 기체의 운동도 모두 뉴턴 역학으로 다룰 수 있게 되었다. 유체나 기체의 운동과 입자의 운동은 다른 듯하지만 유체나 기체를 부분적으로 나눠보면, 각각의 부분끼리 힘을 주고받으며 뉴턴 역학에 따라 운동한다. 이런 현상들도 모두 뉴턴 역학으로 설명할 수 있다.

19세기 후반이 되자 열의 법칙도 뉴턴 역학으로 설명할 수 있게 되었다. 열熱은 가령 기체의 경우 기체를 구성하는 원자의 움직임이 열로서 느껴지는 것인데 원자론과 결합하면 열도 뉴턴 역학으로 기술할 수 있다.

전기 · 자기 · 빛의 학문

다양한 성공에도 불구하고 여전히 뉴턴 역학으로 설명되지 않는 현상이 있었다. 전기와 자기의 학문, 그리고 빛의 학문이다. 19세기 들어 전기와 자기 분야의 학문이 매우 정밀해졌다. 빛의 학문도 크게 발전했다. 그리고 19세기 중반이 되자 전기와 자기와 빛이 같다는 것을 알게 되었다.

빛도 전기·자기의 파동의 일종이며 전기·자기의 학문에 포함된다고 인식하기에 이르렀다. 앞으로 이야기할 '전자기학'이라는 표현에는 빛의 학문도 포함하고 있다.

지금도 전자기학과 관련된 용어 중에는 그런 인식에 도달하는 데 큰 공을 세운 인물들의 이름이 남아 있다. 이를테면 전류의 세기를 나타내는 단위 'A암페어'는 앙드레 앙

페르라는 프랑스 물리학자의 이름에서 유래했다. 또 전기저항의 단위 'Ω옴'은 독일 물리학자 게오르크 옴의 이름에서 유래한 것이다. 영국의 물리학자 마이클 패러데이라는 인물도 유명하다. 패러데이는 가정 형편이 어려워 대학도 다니지 못했지만 전기·자

제임스 맥스웰(1831~1879)

기 연구에 크게 공헌했다. 제임스 맥스웰은 전기·자기의 학문을 체계적으로 완성한 인물이다. 전자기학을 '맥스웰 이론'이라고 부르기도 한다. 전자기학은 맥스웰 한 사람이 완성한 것이 아니라 여러 학자들의 연구를 집대성한 결과라고 할 수 있다. 이것이 19세기 후반의 상황이다.

이 전자기학에 근거한 빛의 이론을 뉴턴 역학으로 설명할 수 없었던 이유는 다음과 같다. 전자기학의 관점에서, 빛은 일정 속도로 전달되는 '파동'이다. 소리가 파동으로 전달되는 것과 비슷하다.

에테르

빛이 파동이라면 파동을 전달하는 물체, 즉 매질이 필요하다. 뉴턴 역학으로 빛을 이해하려면 반드시 빛의 파동을 전달하는 매질이 있어야만 한다. 그런 매질을 당시에는 '에테르'라고 불렀다. 그런 에테르가 필요한 것이다. 이 에테르의 진동을 빛의 파장으로 이해하려고 한 것이 뉴턴 역학의 입장이다.

그런데 여기에는 아주 큰 모순이 있었다. 빛은 진공 속에서도 전달되기 때문에 우주에는 에테르가 가득 차 있어야 한다. 소리는 공기나 물질, 즉 매질이 없으면 전달되지 않는다. 하지만 빛은 언제, 어디서든 전달된다. 그렇기 때문에 우주에는 에테르가 가득 차 있다는 것이다.

그렇다면 에테르에 대해 빛의 속도는 일정할 것이다. 소리의 경우, 정지해 있는 매질·매체에 대해 일정 속도로 전달된다. 따라서 매질에 대해 운동하면 소리의 속도가 달라진다. 실제 공기 중에 소리가 전달될 때, 그 공기에 대해 운동을 하면 소리의 속도가 달라진다. 소리를 앞지를 수도 있다.

하지만 빛은 그렇지 않다. 19세기 후반에는 빛의 속도도 달라질 것이라 생각하고 다양한 실험을 했다. 가령 에테르에 대해 우리는 움직이고 있다고 생각할 수 있다. 실제로 에테르가 정지해 있는 좌표계라는 것이 어떤 것인지는 모르지만 그 좌표계가 우연히 지구와 일치한다고는 생각할 수 없다. 예컨대 지구는 에테르에 대해 공전 속도로 움직이고 있다고 할 수 있다. 에테르의 진짜 움직임을 모르더라도 최소한 지구가 공전 운동으로 움직이는 방향과 그에 대해 수직 방향에서는 공전 운동의 속도만큼 차이가 나게 마련이다. 그렇기 때문에 그 차이가 빛의 속도의 차이로 나타날 것이라는 생각이었다.

공전 운동이 아니라 지구의 자전으로 생각해도 된다. 지구의 자전으로 동서와 남북 방향에서는 에테르에 대한 속도가 달라질 것이다. 그 차이로 빛의 속도도 달라질 것이다. 이런 가정을 실험으로 확인하려고 했지만 좀처럼 성공하지 못했다.

특히 미국의 물리학자 앨버트 마이컬슨은 정밀한 실험을 진행했다. 그는 '마이컬슨 간섭계'라는 실험 장치를 이용해 지구가 운동하는 방향과 운동하지 않는 방향에서 빛의 속도가 어떻게 달라지는지를 관측했다. 하지만 빛의 속도는 일정하며 에테르도 존재하지 않는다는 결론에 이르렀다.

뉴턴 역학의 한계

에테르가 없다면 뉴턴 역학으로 파동이 전달되는 원리를 설명할 수 없게 된다. 여기에서 커다란 모순이 발생한다.

에테르가 존재한다는 것은 빛에 대해서는 상대성 원리가 성립하지 않는다는 것을 의미한다. 에테르에 대해 정지해 있는 좌표계와 그에 대해 움직이는 좌표계는 분명히 다르다. 소리의 경우도 그렇다. 뉴턴 역학은 갈릴레이의 상대성 원리에 부합하지만, 소리의 성질로 보면 갈릴레이의 상대성 원리에 어긋난다. 소리의 속도는 소리를 전달하는 매질에 대한 속도로서, 매질에 대해 운동하는 좌표계에서 보면 음속이 되지 않는다.

마찬가지로 에테르가 있다면 에테르에 정지한 좌표계와 에테르에 대해 운동하는 좌표계에서는 확연한 차이가 날 것이다. 소리의 경우와 마찬가지로 빛은 에테르에 정지한 좌표계와 에테르에 대해 움직이는 좌표계에서 속도가 달라진다. 모든 좌표계는 대등하거나 평등하지 않고 상대적으로 같다고 할 수 없다.

에테르에 정지해 있는 좌표계가 특별한 지위를 차지하게 되면서 무엇이 움직이고 움직이지 않는지를 상대적이 아니라 절대적으로 기술할 수 있게 된다. 뉴턴 역학은 그런 에테르가 필요했던 것이다. 정지해 있는 에테르에 대한 소리의 운동을 밝히기 위한 실험을 진행했지만 결국 에테르를 발견하지 못했다. 뉴턴 역학이 위기를 맞은 것이다.

빛뿐만이 아니다. 앞서 말했듯이 빛이라는 현상은 맥스웰의 전자기학에서 이끌어낸 특수한 현상이기 때문에 다른 전자기학의 현상에 대해서도 똑같이 말할 수 있다. 움직이는 좌표계와 움직이지 않는 좌표계에서의 전자기학의 법칙 역시 에테르를 상정하면 모순이 발생한다. 그런 모순이 빛 이외의 전자기 현상에서도 다수 지적되었다.

이 문제는 당시 주로 물질의 전자기적 성질 연구라는 형태로 진행되었다. 네덜란드의 물리학자 헨드릭 로렌츠는 고체나 기체에서 나타나는 다양한 전기와 자기의 현상, 전기 저항, 자화율, 빛의 굴절률과 같은 성질을 물체 안의 전자의 운동으로 이해하는 연구로 큰 성공을 거두었다.

헨드릭 로렌츠(1853~1928)

물체 안에서의 전자기 현상은 물체가 움직일 때와 움직이지 않을 때 어떻게 달라지는가. 움직이거나 움직이지 않는 것은 에테르에 대해 다른 속도로 움직인다는 것이다. 거기에서 차이가 발생할지에 대해 빛의 문제와 함께 논의되었다.

아인슈타인의 등장

정리하면 '운동 물체에서의 전자기학'이라는 문제이다. 당시에는 앞서 언급한 로렌츠와 프랑스의 앙리 푸앵카레가 이 문제를 정면으로 다룸으로써 뉴턴 역학과의 사이에서 생기는 모순에 대해 깊이 고찰했다.

특히 로렌츠는 어떤 의미에서 아인슈타인이 발견한 해답에 거의 근접했지만 결국 해결책을 찾지 못했다. 푸앵카레와 로렌츠는 당대 최고의 대학자였다. 그런 그들도 발견하지 못한 해결책을 무명의 아인슈타인이 찾아낸 것이다.

여기에서 주의해야 할 것은, 이때 발견한 아인슈타인의 상대성 이론은 '특수' 상대성 이론으로 '일반' 상대성 이론과는 다르다. 이 '특수' 상대성 이론은 빛의 이론을 포함한 전자기학 연구에서 발견한 이론으로 전자기학뿐 아니라 모든 물리 법칙에 관계된 '일반적인' 원리이다.

당시 이미 빛과 전자기 학문은 어느 정도 실용 단계에 있었다. 그렇기 때문에 아인슈타인이 아니어도 빛과 전자기학을 다루는 이론은 이미 확립돼 있었다. 아인슈타인의 상대성 이론이 나온 이후에도 전자기학의 법칙은 바뀌지 않았다. 그럼에도 불구하고 아인슈타인의 이론은 위대한 이론이 되었다.

전자기학은 맥스웰의 이론을 통해 이미 완성되었고 오늘날까지 그대로 이용되고 있다. 즉 아인슈타인이 상대성 이론을 발견하기 이전에 이미 완전히 상대론적인 이론을 확립한 것이다. 이렇게 완전히 상대론적 이론이었던 전자기학과 뉴턴 역학 사이에 발생하는 모순에 주목하면서 상대성 이론이 탄생했다. 맥스웰의 이론만으로도 충분히 실용이 가능했기 때문에 더 깊이 파고들지 않았다면 발견할 수 없었을 것이다.

당시 뉴턴의 역학은 매우 큰 성공을 거두었기 때문에 모든 물리 현상의 근본에는 뉴턴 역학에 부합하는 물질이 있다고 생각하고, 빛의 파동도 뉴턴 역학에 부합하는 매질, 이른바 에테르가 있을 것이라는 하나의 세계관으로 다양한 현상의 본질을 단순하게 설명하고자 했다. 그렇기 때문에 발견된 모순이었다.

빛의 현상, 전자기의 현상을 다루는 이론은 이미 있었다. 게다가 전자기 이론은 실용적으로도 아무런 결함이 없었다. 하지만 19세기 후반의 물리학자들은 결코 그것으로 만족하지 않았다. 천체의 운동이나 소리의 현상처럼 전자기 세계에서도 뉴턴 역학의 기본 원리가 적용된다는 것을 증명하고자 했다. 그런 노력 속에서 지금 이야기한 전자기 현상에서 갈릴레이의 상대성 원리가 성립하지 않는 모순을 발견한 것이다. 중요한 것은 통일적인 관점을 찾아내기 위해 항상 깊이 생각하는 것이다.

제3장
아인슈타인의 등장

어린 시절

이제 드디어 아인슈타인이 등장한다. 여기서 잠시 물리 이야기가 아닌 아인슈타인의 어린 시절과 그가 어떻게 물리학자가 되었는지에 대해 이야기해보자.

1979년은 아인슈타인 탄생 100년이 되는 해로 전 세계적으로 기념 도서 출간, 학회, 기념우표 발행 등의 다양한 행사가 열렸다.

알베르트 아인슈타인은 1879년 3월 14일에 태어났다. 아인슈타인 탄생 100년을 기념하는 행사 중에는 물리학 발전에 기여한 아인슈타인의 업적을 기리는 동시에 그의 성품과 사회적 영향을 재평가하는 논평도 다수 이어졌다. 그런 만큼 그해는 그가 물리학과 자연과학뿐 아니라 다양한 의미에서 현대 사회에 중요한 영향을 미쳤음을 각인시킨 기념비적인 해였다.

아인슈타인은 1879년 독일 남부의 울름이라는 작은 마을에서 태어났다. 그가 태어나고 1년쯤 지나 아인슈타인 가족은 독일 남부의 조금 더 큰 도시인 뮌헨으로 이사했다. 지금으로 치면 고등학생 정도의 나이까지 뮌헨에서 살았다.

아인슈타인 탄생 100주년 기념우표(왼쪽부터 중국, 미국, 구소련)

아인슈타인이 태어나고 자란 시대는 어떤 시대였을까. 몇 개의 나라로 나뉘어 있던 독일은 1871년 프로이센과 프랑스의 전쟁이 끝나고 독일이라는 강력한 통일 국가로 탄생했다. 아인슈타인이 태어난 1879년은 '철혈재상'으로 불리던 프로이센의 비스마르크가 독일을 통일한 이후였다. 1871년부터 1914년은 유럽에서는 드물게 전쟁이 없는 시대였다. 아인슈타인은 마침 그런 평화로운 시대에 성장하고 중요한 연구를 할 수 있었다.

아인슈타인의 아버지는 전기화학과 관련된 작은 공장을 경영하고 있었다. 아버지는 주로 회사를 경영하고, 아인슈타인의 삼촌이 전기 관련 기술자였다고 한다.

어릴 때는 눈에 잘 띄지 않는 아이인 데다 말을 늦게 떼

아인슈타인의 어린 시절

는 바람에 가족들의 걱정이 컸다고 한다. 또 혼자 조용히
생각하는 시간이 많았다고 한다.

어린 시절의 유명한 일화로 4~5세 무렵 아버지가 나침
반을 사준 일이 있었다. 나침반 바늘이 항상 같은 방향을
가리키는 것을 이상하게 여긴 아인슈타인은 '아무것도 보
이지 않지만 무엇인가 바늘을 일정 방향으로 향하게 하는

자연의 힘이 작용하고 있는 게 분명하다'는 생각을 했다고 한다.

학창 시절

6세가 되어 초등학교에 입학했지만 학교생활을 그리 좋아하지 않았던 것 같다. 유독 규율이 엄격했던 가톨릭 학교였기 때문에 갑갑함을 느꼈던 것 같다. 그 후로도 아인슈타인은 외부의 강요나 규제를 최대한 피하며 살았다. 또 그를 강제하는 것에 대해 분노하고 행동하며 살아온 인생이기도 했다. 그런 의미에서 아인슈타인의 학교생활은 그의 인생에 '반면교사'가 되었던 셈이다.

아인슈타인은 10세에 초등학교를 졸업한 후 김나지움에 입학했다. 지금으로 치면 중학교와 고등학교가 합쳐진 형태의 교육기관이다. 김나지움에 다니던 그는 수학에 크게 흥미를 보였다. 전기 기술자였던 삼촌에게 대수학이나 기하학과 같은 간단한 수학을 배웠기 때문이다. 12세 무렵에는 스스로 '피타고라스의 정리'를 증명하면서 크게 감명받았다고 한다.

수학을 무척 좋아하고 잘했던 것 같다. 14~15세 때는 학교에서 가르치지 않는 고등수학을 혼자 공부했다. 싫어하는 과목은 외국어와 박물학이었다. 박물학은 동식물이나 광물 등을 탐구하는 학문으로, 이 과목을 힘들어했다고 한다.

아인슈타인의 가족은 유대인이었다. 유대인들은 종종 가난한 유대인 학생을 집으로 초대해 식사를 대접하는 관습이 있었다. 아인슈타인의 부모도 뮌헨대학에 다니는 러시아 출신 유대인 학생을 집으로 초대해 이야기를 나누고 함께 식사를 했다고 한다. 아인슈타인은 그 학생이 들려준 자연과학에 관한 이야기에 자극받아 자연과학을 해설한 책을 여러 권 읽기도 했다고 한다.

밀라노 이주

16세 무렵까지 뮌헨에서 보낸 후, 아버지의 공장이 도산하면서 일가는 이탈리아의 밀라노로 이주했다. 김나지움 졸업을 얼마 앞둔 상황이었다. 아인슈타인은 반년쯤 혼자 뮌헨에 남아 김나지움을 마치려고 했다. 하지만 줄

14세 무렵 여동생과 함께

곧 부모와 함께 살다 갑자기 혼자 남게 되자 불안했던지 결국 김나지움을 그만두고 가족이 있는 밀라노로 갔다.

김나지움을 그만두면 대학 진학도 할 수 없고 직장을 구하기도 힘들었다. 하지만 그는 외로움을 견디지 못하고 '신경쇠약으로 학교를 다닐 수 없다'는 의사의 진단서를 받은 후 밀라노로 갔다.

그는 독일의 초등학교와 김나지움에서의 생활을 좋아

하지 않았던 것 같다. 훗날 그는 독일에 비해 자유로운 밀라노의 분위기가 무척 마음에 들었다고 말했다.

하지만 언제까지 놀고만 있을 수는 없었다. 학업을 제대로 마치고 직장도 구해야 했다. 밀라노로 이주한 이후 집안 형편도 그리 좋지 않았다. 스스로도 빨리 취직해서 일을 해야겠다고 생각했던 것 같다. 아인슈타인은 집안의 장남으로 여동생이 하나 있었다. 그는 김나지움을 졸업하지 못했기 때문에 독일 대학에 들어갈 수 없었다. 졸업만 했다면 독일에서는 시험을 보지 않고도 대학에 들어갈 수 있었지만 그러지 못했다.

결국 아인슈타인은 스위스 취리히에 있는 연방공과대학에 가기로 했다. 김나지움을 졸업하지 않았기 때문에 검정시험을 치러야 했다. 보통 시험을 보지 않고도 들어갈 수 있지만 졸업 자격이 없었기 때문에 시험을 치른 것이다. 아인슈타인은 시험에 떨어지고 말았다. 국어와 역사 시험에서 낙방한 것이다. 물리와 수학에는 자신이 있었기에 어떻게든 합격하리라 생각했지만 다른 과목의 점수가 낮아 시험을 통과하지 못했다. 하지만 수학에 뛰어난 재능을 보인 아인슈타인을 눈여겨본 학장의 배려로 스위스 김나지움의 최종 학년으로 편입하게 되었다. 그는 스위스의 아라우라는 마을에서 김나지움 졸업 자격을 따기 위해 반년 남짓 공부했다.

그곳 김나지움의 분위기는 무척 자유로웠다. 그전까지는 공학 계통의 학부를 나와 빨리 취직할 생각이었지만, 아라우의 김나지움에서 공부하는 동안 교사로 진로를 바꾸었다. 대학 교수나 김나지움의 교사가 되어 공부를 계속하고 싶었던 것이다. 그 무렵 아인슈타인은 빛을 빛의 속도로 따라가면 어떻게 될까라는 문제에 골몰하고 있었다. 이 문제는 훗날 상대성 이론으로 이어지는 문제였다.

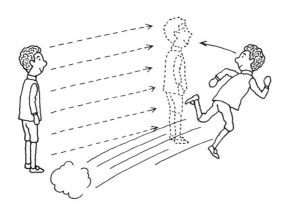

취리히 연방공대 시절

특허국 취직

반년 남짓 김나지움에서 공부해 졸업 자격을 얻은 아인슈타인은 입학시험 없이 취리히 연방공과대학에 들어갔다. 물리와 수학 교사를 양성하는 과정에 진학한 것이다.

당시 그 대학에는 유명한 교수들이 여럿 있었다. 특히 수학 교수였던 헤르만 민코프스키는 훗날 아인슈타인의 특수 상대성 이론을 수학적으로 완성한 인물이다.

대학에서는 공부에 매진했다. 물리 강의에 크게 흥미를 갖고 당시의 고전 물리학 관련 서적을 닥치는 대로 읽었다고 한다.

졸업이 얼마 남지 않은 무렵, 또다시 문제가 생겼다. 이번에는 취직이 문제였다. 대학을 마치고 다른 대학이나 김나지움의 교사가 되고 싶었지만 쉽지 않았다. 수학과 물리학에 크게 흥미를 느낀 그는 이론물리 연구를 계속할 수 있는 직장을 바랐다. 하지만 좀처럼 자리가 나지 않았다. 유대인이라는 사실도 직장을 구하기 어려운 이유였던 듯하다. 1901년 스위스의 시민권을 획득했지만 '서류상의' 스위스인일 뿐이었다. 고작 수년 살면서 스위스 시민권을 획득했기 때문에 스위스 사회에서 직장을 구하는 것이 쉽지 않았다.

1900년에 대학을 졸업한 그는 1901년에도 직장을 구하지 못하고 대리 교사나 가정교사 같은 일을 하며 생계를 꾸렸다. 그런 중에도 연구를 계속해 1901년 최초의 논문을 발표했다.

변변한 일을 찾지 못하던 그는 대학 친구였던 마르셀 그로스만의 소개로 스위스 베른의 특허국에 면접을 볼 수 있게 되었다. 당시 특허국 장관이었던 프리드리히 할러는 아인슈타인의 재능을 높이 평가해 그를 채용하기로 했다. 1902년 아인슈타인은 베른으로 이주했다.

그는 특허국 업무를 꽤 잘해냈다고 한다. 특허 출원 심사를 하면서 집에 돌아오면 물리학 연구를 했다. 그리고 1902년에 두 번째 논문을 완성했다. 당시 그는 새롭게 떠오르던 원자론에 근거한 다양한 물질의 성질에 관심을 갖고 있었다.

3대 논문

1903년 아인슈타인은 첫 번째 결혼을 했다. 특허국에서 근무하며 연구를 계속하던 그는 1905년 훗날 크게 유명해진 3개의 논문을 발표했다.

첫 번째 논문은 〈빛의 발생과 변환에 관한 발견적 관점에 대하여〉이다. 〈광양자 가설〉로 불리는 이 논문에서 그는 빛이 입자라는 것을 처음으로 주장했다. 훗날 그는 이 논문으로 노벨상을 수상한다.

두 번째 논문은 〈분자 차원의 새로운 결정 방법에 대하여〉이다. 이 논문은 〈브라운 운동 이론〉으로 불린다. 물 위에 꽃가루를 띄우고 현미경으로 관찰하면 꽃가루가 불규칙하게 움직인다. 그 움직임을 브라운 운동이라고 한다. 그는 이 논문에서 꽃가루가 물 분자의 운동에 의해 움직인다고 가정하고 브라운 운동을 설명하는 동시에 분자 차원의 새로운 결정법을 제안했다. 이 논문으로 그는 박사 학위를 취득했다. 당시로서는 이런 논문이 가장 이해하기 쉬운 연구였을 것이다.

세 번째 논문은 〈움직이는 물체의 전기역학에 대하여〉이다. 이 논문이 이른바 〈특수 상대성 이론〉의 시작이다.

이 3대 논문은 그 후 물리학계에 일대 혁명을 가져왔다. 그런 논문을 잇따라 발표한 것이다. 최초의 광양자 가설 논문은 3월, 브라운 운동이론 논문은 4월, 특수 상대성 이론 논문은 6월경에 연이어 발표했다. 또 9월에는 상대성 이론의 두 번째 논문을 발표했다. 1905년은 아인슈타인에게는 커다란 성과를 이룬 해였다.

이 〈움직이는 물체의 전기역학에 대하여〉는 과연 어떤 논문이었을까. 이것은 앞 장에서 이야기한 로렌츠와 같은 학자들이 생각했던 문제와 이어지지만 아인슈타인은 전혀 다른 방식으로 접근했다.

로렌츠는 어떤 의미에서 아인슈타인이 발견한 상대성 이론에 거의 근접했지만 어디까지나 전자기학 세계의 문제로서 모순을 보고 있었다. 뉴턴 역학과 맥스웰의 이론 사이에 존재하는 모순을 전자기 현상 특유의 문제로 해결하려고 했던 것이다.

한편 아인슈타인은 이 모순을 전자기학 특유의 문제가 아닌 모든 물리 법칙에 미치는 커다란 변혁으로 보았다. 맥스웰의 이론이 갈릴레이의 상대성 원리에 어긋난다면 모든 물리학의 절대적인 개념이었던 시간과 공간을 변경해야 한다고 생각한 것이다. 아인슈타인의 생각은 매우 혁명적이었다. 같은 문제를 두고 접근하는 방식이 크게 달랐던 것이다.

동시성의 상대성

실제 이 〈움직이는 물체의 전기역학에 대하여〉라는 논문은 전자기학과는 전혀 관계없는 '동시성의 상대성에 대하여'라는 고찰로 시작된다. 동시성, 예컨대 어떤 '두 가지 사건'이 동시에 일어났을 때 이 두 사건이 동시에 일어났다는 것은 어떻게 결정되는가에 대한 고찰이다.

그는 우선 같은 장소에서 두 가지 사건이 동시에 일어났다면 분명히 동시라고 생각했다. 같은 장소에서 두 가지 사건이 동시에 일어난다면 그것이 동시였는지 아닌지는 명백하다.

실제로 그는 논문에 다음과 같이 썼다. 예를 들어 기차가 7시에 플랫폼에 도착하는 사건과 시계 바늘이 '7'을 가리키는 사건은 동시라고 할 수 있다. 시계를 기차가 도착하는 장소에 가져가면 확인할 수 있다. 당연한 일이다.

문제는 서로 떨어진 장소에서 일어나는 두 가지 사건이 동시에 일어났는지를 어떻게 확인할 것인가이다. 서로 떨어진 장소에서 일어나는 문제는 그리 간단하지 않다.

서로 떨어진 장소에서는 한 장소에서 일어난 일이 다른 장소에 전달되려면 시간이 걸린다. 첫 장에서 이야기했듯이, 멀리서 일어난 사건과 가까이서 일어난 사건이 동시에 일어난 것처럼 보여도 실은 동시가 아니다. 가까이에서 일어난 일은 단시간에 그 상이 우리 눈에 닿지만 멀리서 일어난 일은 그보다 더 긴 시간이 걸린다. 동시에 일어난 것처럼 보이지만 가까이서 일어난 일은 멀리서 일어난 일보다 나중에 일어났기 때문에 동시에 보인 것이다.

이렇게 서로 떨어진 장소의 동시성은 빛의 속도가 유한

하기 때문에 여러모로 주의해야 한다.

아인슈타인은 A라는 장소를 결정하면 A에 있는 시계로 A와 근처의 다른 장소의 시각이 결정된다고 보았다. 또 B라는 장소와 그 주변에서 일어난 일 역시 B에 있는 시계로 결정된다.

문제는 이 A와 멀리 떨어진 B라는 장소 사이의 시각을 어떻게 조정할지였다. 먼저, A에서 B로 빛 신호를 보내거나 B에서 A로 빛 신호를 보내 시각을 조정할 수 있다. 이 경우 A에서 B로 가는 빛의 속도와 B에서 A로 가는 빛의 속도는 같아야만 한다. 만약 속도가 다르면 A와 B의 시간은 동시가 아니다. 시각을 똑같이 맞출 수 없다. 두 속도가 같으면 저쪽의 시계가 '1시'일 때 이쪽의 시각이 '1시'에서 어느 정도 지났는지를 알 수 있다.

그런데 A에서 B로 가는 빛의 속도와 B에서 A로 가는 빛의 속도가 다르면 아무리 동시에 맞추었다고 해도 조금씩 시간이 어긋난다. 그렇기 때문의 빛의 속도가 언제, 어떤 방향으로든 일정하다는 것은 동시성을 정의할 때 가장 중요한 조건이다.

빛의 속도는 일정하다

빛의 속도가 일정하다는 것은 앞에서 이야기한 빛이 에테르라는 매질을 통해 전달된다는 가정에 맞지 않는다. 아인슈타인은 처음부터 빛은 어떤 경우에도 일정한 속도로 진행된다고 전제했다. 마이컬슨의 실험에서도 밝혀진 바 있다.

빛의 속도가 일정하다는 것을 이해하기란 생각보다 쉽지 않다. 실은 매우 비상식적인 생각이다. 예를 들어 A와

스트라이크

아직 오지 않는다

동시에 보인다

B가 서로에 대해 움직이고 있다고 하자. A가 B를 향해 달리고 있다. 그 A가 B를 향해 전등을 켰다. 그러면 빛은 A가 달리는 속도만큼 더 빠르게 전달될 것 같다. 빛의 속도가 일정하다고는 하지만, 일정한 속도로 진행하는 빛을 내는 물체가 B를 향해 달리고 있으니 말이다. 빛의 속도를 C, 빛을 내는 물체의 속도를 V라고 하자. 빛을 내는 물체가 속도 V로 다가간다면 빛은 C + V의 속도로 전달될 것이라고 생각한다. 달리는 자동차에서 앞으로 공을 던지면 공의 속도는 빨라진다. 그것이 속도에 대한 우리의 상

식적인 생각이다. 그렇게 생각하지 않으면 시험 문제에도 틀린 답을 적게 될 것이다.

하지만 빛만큼은 V로 움직이는 물체가 쏘아도 역시나 C이다. 완전히 비상식적인 이야기이지만 그것이 전제이다. 또 그러지 않으면 동시성, 즉 서로 떨어진 장소에서의 동시성을 정의할 수 없게 된다.

이어서 그는 서로 움직이는 좌표계에 대해 이야기했다. K라는 좌표계가 있다고 하자. 그리고 K에 대해 속도 V로 움직이는 좌표계 K′가 있다.

좌표계는 서로 움직이고 있다. 앞에서 예를 든 것처럼 지면에 정지해 있는 좌표계 K와 고속철도와 함께 움직이는 좌표계 K′라는 식으로 생각해도 된다. 두 좌표계에서 어떤 사건을 보았을 때 실은 동시성이라는 것이 두 좌표계에서 다르다.

여기에 양끝 A,B에 전구가 달린 막대가 있다고 생각해보자. 이 막대는 지면에 대해 속도 V로 움직이고 있다. 지면의 좌표계를 K라고 하고, 막대와 함께 움직이는 좌표계를 K′라고 하자. 이 움직이는 막대의 양끝 A, B에서 전구를 켰다. 불이 켜진 시각에 마침 A,B의 중간에 서 있는 관측자 O의 위치에 A, B에서 동시에 불빛이 도달하도록 한다. 이 O의 위치에 동시에 불빛이 도착하면 보통 A와 B가 동시에 불이 켜진 것이다. 그러므로 좌표계 K에서 보았을 때 A와 B에서 동시에 불이 켜졌다고 할 수 있다.

이번에는 이 A와 B에서 불이 켜진 사건을 K′에서 보았을 때도 동시였을지 생각해보자. K′에서 볼 때 동시란 어떤 것일까. 마찬가지로 양끝이 A, B인 막대의 중간을 O′라고 하자. O′의 위치에 A와 B에서 동시에 불빛이 도달하는 것이 동시가 된다. 그러면 앞서 K에서 보았을 때 동시에 A와 B에서 불을 켠 것은 O′에는 동시에 도달하지 않는다. 왜냐하면 O′는 O에 대해 움직이고 있기 때문이다. O′는 B에서 오는 빛을 먼저 보고 A에서 오는 빛을 나중에 보게 된다.

그렇기 때문에 좌표계 K의 입장에서 동시에 불을 켰을 때 K′라는 좌표계에서 그것을 보면 동시가 아니라 B에서 먼저 불이 켜지고 A가 나중에 켜진 것처럼 보인다. 빛은 항상 같은 속도로 진행하기 때문이다.

반대로 생각할 수도 있다. 이번에는 K′라는 좌표계에서 동시가 되도록 A와 B에서 불을 켠다. O는 K′라는 좌표계

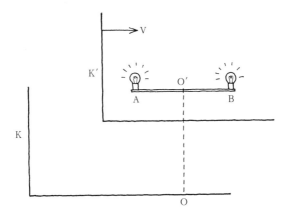

에서 보았을 때 움직이고 있다. A 쪽으로 가까워지고 있기 때문에 A에서 오는 빛을 먼저 보게 된다. A에서 먼저 불이 켜지고 B는 나중에 켜진 것처럼 보인다.

그것은 곧 K′에서의 동시와 K에서의 동시가 다르다는 것이다. 서로 떨어진 장소에서의 동시성이라는 것은 서로 운동하는 경우에는 동시로 보이기도 하고 동시로 보이지 않을 때도 있다.

곰곰이 생각해보면 당연한 이야기이다. 당연하지만 어쩐지 이상한 기분이 든다. 두 사건의 동시성이 서로 다른 속도로 움직이는 좌표계에서 보면 동시였다가 동시가 아닐 수도 있다니 이상할 수밖에 없다. 하지만 앞서 빛의 속도가 동시성을 정의한다는 것을 곰곰이 따져보면 그런 결론이 나온다.

이를 아인슈타인은 '동시성의 상대성'이라고 불렀다. 동시성은 절대적이지 않다. 좌표계를 바꾸면 동시가 되기도 하고, 동시가 아닌 일도 일어난다.

길이의 정의

이어서 그는 '길이의 정의'에 대해 고찰했다. 길이란 무엇인가. 어떤 좌표계에서의 길이라는 것은 양끝에서 동시에 일어난 사건의 거리라고 정의했다.

무슨 말인지 이해가 잘되지 않을지 모르지만 이렇게 말할 수 있다. 먼저, 좌표계를 정해야 한다. 좌표계가 다르면 동시가 달라지기 때문에 어떤 좌표계에서 측정한 길이인지를 명확히 해야 한다. 길이를 잴 때는 그 좌표계에 정지해 있는 자를 놓고 좌표계에서 동시에 재고자 하는 막대 양끝의 위치를 표시한 후 나중에 표시한 곳을 확인하면 된다. '동시에 위치를 표시하는'것은 두 사건이 일어난 위치의 거리를 잰다고 생각해도 좋다.

보통 길이라고 하면, 멈춰 있는 물체의 길이를 재는 경우를 떠올린다. 물론 그것도 하나의 길이이다. 하지만 이것은 막대와 함께 움직이는 좌표계에서의 길이라는 특수한 길이이다. 또 막대가 움직이는 것처럼 보이는 좌표계에서의 길이도 정의할 수 있다. 이 두 가지가 다르다는 것이 상대성 이론의 결과이다.

두 길이가 다른 이유는 한마디로 동시라는 것이 좌표계에 따라 다르기 때문이다. 좌표계마다 동시가 되는 위치가 다르다. 그러니 이쪽 좌표계에서 보면 양끝에 다른 시각에 표시를 하게 된다. 당연히 그동안에도 막대는 움직이기 때문에 다른 위치에 표시가 된다. 막대의 한쪽 끝을 자에 맞춰놓아도 또 다른 끝은 다른 시각에 표시된다.

앞서 살펴본 그림으로 말하면 K′에서 길이를 재는 모습을 K에서 보면 A를 표시한 후 잠시 뒤 B를 표시한다. K′라는 좌표계에서 A와 B의 동시는 K라는 좌표계에서 보면 B가 조금 느리다. O′는 B쪽으로 진행하면서 빛을 보기 때문에 B에서 A보다 늦게 불을 켜는 편이 O′에는 동시에 불이 켜진다. 그동안에도 막대는 움직이기 때문에 K에서 보면 K′에서의 길이는 더 길게 측정된다. K라는 좌표계에서 동시에 측정한 길이보다 더 길다. K에서 보면 분명 잘못 측정한 것처럼 보인다.

보통 막대의 길이를 잴 때는 막대와 함께 움직이는 K′ 좌표계에서 측정한다. 막대와 함께 움직이는 자로 잰 길이를 '고유 길이'라고 하면 그 막대가 움직이는 것처럼 보이는 좌표계에서 잰 막대의 길이는 고유 길이보다 짧아진다. 즉 막대가 줄어들었다고 할 수 있다.

막대가 줄어들거나 길이가 줄었다는 것은 동시성이라는 것이 좌표계에 의해 달라지는 데서 파생적으로 나온 결론이다. 중요한 것은 서로 떨어진 장소에서의 동시는 좌표계에 따라 달라진다는 것이다. 서로 움직이는 좌표계 사이에서 달라지는 것이다.

'서로 움직인다'는 것은 서로 일정한 속도로 움직이는 경우이다. 그런 좌표계 사이에는 갈릴레이의 상대성 원리가 성립한다. 아인슈타인의 '동시성의 상대성'이라는 고찰이 발견한 것은 이런 좌표계 사이의 길이와 시간의 변환, 즉 어떤 좌표계에서의 단위와 다른 좌표계에서 보았을 때의 단위의 관계이다. 그 변환이 이제까지 생각했던 관계와 달라진다. 이것은 누구도 생각지 못한 발견이었다. 예컨대 시간은 어떤 운동을 하는 좌표계에서 보든 항상 같다고 생각했다. 하지만 새로운 변환의 법칙에 따르면 동시이거나 동시가 아닌 것도 달라진다는 것이다. 아인슈타인의 이 새로운 변환 법칙 안에는 전자기학의 의문을 해결할 뿐 아니라 새로운 물리학의 세계로 나아가게 해줄 열쇠가 숨어 있었다.

제4장
상대성 이론의 생각

콜럼버스의 달걀

서로 움직이는 좌표계 사이에서는 동시가 달라진다. 그것을 고려해 갈릴레이의 상대성 원리를 재정립한 것이 아인슈타인의 상대성 이론이다.

아인슈타인은 동시성의 상대성의 고찰을 통해 시간과 공간 좌표의 변환에 관한 공식을 내놓았다. 이 좌표계의 변환 공식에 대해 맥스웰의 방정식은 상대성 원리에 완전히 부합한다는 것을 보여준다. 갈릴레이의 상대성 원리에서는 좌표계의 변환에 의해 시간이 달라지지 않는다. 어떤 좌표계에서든 시간은 똑같은 시간이었다. 그것은 서로 운동하는 좌표계에서도 시간 혹은 동시성이 절대적이라는 관념에 사로잡혀 있었다.

아인슈타인이 간단한 사고 실험으로 밝혀낸 것은 동시라는 것은 어떤 운동을 통해 '사건'을 보는가와 관련이 있다는 것이다. 그것을 염두에 두고 시간과 공간 좌표의 변환식을 도출했다. 이 새로운 변환 법칙을 '로렌츠 변환'이라고 한다.

사실 로렌츠 변환은 아인슈타인 이전에 로렌츠가 먼저 발견했다. 로렌츠는 이 로렌츠 변환에 대해 맥스웰 방정식이 상대성 원리를 충족한다는 것을 발견했다. 하지만 로렌츠는 어디까지나 전자기학 특유의 문제로서 어떤 좌표 변환을 하면 맥스웰 방정식이 상대성 원리에 부합할 것인가라는 관점에서 변환 공식을 도출한 것이다. 하지만 그는 상대성 원리를 충족하기 위해 로렌츠 변환이 필요한 의미를 알지 못했다. 그 점을 아인슈타인은 동시성의 고찰을 통해 완전히 밝혀낸 것이다.

아인슈타인은 시간과 공간의 변환 공식이 모든 물리 법칙에 성립하는 일반적인 원리로서 전자기학 특유의 문제가 아니라고 보았다. 따라서 뉴턴 역학도 새로운 상대성 이론에 맞게 변경해야 했다. 아인슈타인은 뉴턴 역학을 변경해 새로운 역학을 새로운 상대성 이론과 동시에 발견했다.

새로운 역학의 결론 중 하나는 '속도가 빨라지면 질량이 커진다'는 것이다. 그렇기 때문에 입자에 계속 힘을 가해도 결코 빛의 속도보다 빨라지지 않는다. 또 속도의 덧셈 공식이라고도 하는데, 빛의 속도는 운동에 상관없이 늘 일정하며, 빛의 속도에 빛의 속도로 다가가는 한쪽이 다른 한쪽을 보는 경우 빛의 속도의 2배로 보일 것 같지만 역시 빛의 속도라는 것, 빛의 속도를 빛의 속도로 따라가도 빛은 빛의 속도로 멀어진다는 등의 상식을 초월한 결론이 잇따라 나왔다. 이 모든 것이 앞서 이야기한 서로 떨어진 장소에서의 동시성이 좌표계에 따라 상대적이라는 고찰에서 이끌어낸 결론이다.

이 새로운 이론의 발견은 위대한 발견이었지만 한편으로는 아주 간단한 것이었다. 당시의 다양한 연구 상황을 몰라도 단순히 속도와 시간을 곱하면 거리가 나오는 것처럼 간단한 것만 알면 이끌어낼 수 있는 이른바 '콜럼버스의 달걀'과 같은 이론이었다.

필연적 성과

아인슈타인의 상대성 이론은 앞에서 이야기한 내용이 바탕이 되었기 때문에 당시의 물리학을 알지 못해도 나올 수 있는 결론처럼 느껴진다. 하지만 결코 그렇지 않다.

움직이는 물체의 전기역학, 즉 빛의 문제는 당시 물리학 연구의 가장 큰 문제였다. 그 문제가 안고 있는 뉴턴 역학과의 모순을 제대로 인식하지 못하면 문제 자체를 다룰 수 없다.

아인슈타인의 해결책은 분명 '콜럼버스의 달걀'과 같이 단순명쾌한 것이었지만 결코 당시 물리학의 커다란 흐름에서 벗어난 것은 아니었다. 그의 결론은 어디까지나 19세기의 물리학자의 고민과 거듭된 실험을 통해 추구한 정점에서 발견한 하나의 성과였다.

아인슈타인은 베른의 특허국이라는, 대학도 아닌 관청에서 심지어 당시 물리학 연구의 중심지도 아니었던 곳에서 혼자 연구했다고 한다. 당시의 아카데미, 학계와 인연이 없었던 것이 오히려 도움이 되었다는 해석도 있다. 하지만 당시 그의 주변 상황은 꼭 그런 것만은 아니었다. 베른에서는 의사, 기술자, 교사 등 다양한 지식인들과 당시의 최첨단 과학을 서로 공유하며 지적 교류를 나누던 모임이 있었다. 아인슈타인도 자주 그 모임에 참석해 새로운 물리학 소식을 접하며 연구를 했다고 한다.

그는 특허국 동료이자 친구였던 미셸 베소와 상대성 이론 연구에 대한 열띤 논의를 벌이기도 했다. 베른 특허국에 그런 동료도 있었던 것이다. 그만큼 당시 학계와 전혀 무관하다고는 할 수 없지만 상당히 고립된 장소에서 갑작

막스 플랑크(1858~1947)

스럽게 탄생한 연구였던 것만은 분명하다.

그렇게 탄생한 연구였지만 의외로 금방 학계의 주목을 받았다. 당시 이미 대가의 반열에 올랐던 물리학자들은 한눈에 아인슈타인의 상대성 이론이 옳다는 것을 인식했다. 가장 먼저 평가한 것은 독일의 막스 플랑크였다. 플랑크는 1900년 베를린에서 양자역학의 출발점이 된 흑체 복사의 양자론을 제창해 유명해진 인물이다. 그런 그가 즉각 아인슈타인의 이론을 인정했다.

푸앵카레나 퀴리 부인 등은 당시에도 이미 저명한 대학자였다. 그런 사람들이 아인슈타인의 연구가 나온 지 얼마 지나지 않아 그가 대학에서 가르칠 수 있도록 추천장을 써주기도 했다. 서로 일면식도 없는 사이였다. 또 과학철학에도 큰 공헌을 한 푸앵카레는 세계 각지의 강연에서 한 번도 만난 적 없는 젊은 학자의 이론을 뉴턴 이후 새로운 발견이라 칭송했다. 저명한 대학자였던 푸앵카레를 통해 처음으로 아인슈타인의 이론을 알게 된 학자들이 많았다고 한다. 플랑크는 자신의 제자들과 함께 아인슈타인의 특수 상대성 이론을 발전시킨 연구에 착수했다고 한다.

4차원 공간

아인슈타인은 1905년의 3대 논문에 이어 계속해서 논문을 발표했다. 특수 상대성 이론에 관한 논문만이 아니었다. 빛의 흡수·방출 이론에 관한 논문도 중요한 성과 중 하나였다. 빛에 관한 이 연구는 후에 많은 학자들의 연구를 통해 '양자역학'으로 발전했다. 아인슈타인은 초기 양자역학의 출현에도 크게 공헌했다. 빛의 학문 연구에 없어서는 안 될 특수 상대성 이론이 '빛의 양자론'에도 큰 역할을 했다.

아인슈타인은 이 세 가지 방면의 연구로 매우 유명해졌다. 하지만 특허국은 연구에 매진할 만한 곳이 아니었다. 마침 각계의 추천이 이어지면서 1908년 베른의 대학에서 강의를 맡게 되었다. 대학 강사는 독일과 스위스 부근 지역의 특별한 제도로, 강의를 들으러 온 학생들이 낸 수업료만큼 급여를 받았다. 베른 대학에서 강의를 하는 동안 꾸준히 그의 강의를 듣는 학생은 고작 서너 명뿐이었다고 한다. 하지만 1909년이 되면서 그의 연구는 점점 유명세를 탔다. 국제 학회 등을 통해 당시 세계적인 물리학자였던 막스 플랑크, 하인리히 루벤스, 아르놀트 조머펠트와 같은 사람들과도 교류했다. 1909년에는 모교인 취리히 연방공과대학의 교수직을 맡았다. 1911년에는 1년 남짓 당시 오스트리아의 영토였던 프라하의 대학에서 보냈다. 1912년 프라하에서 돌아온 그는 1914년까지 취리히에 머물렀다.

1908년 특수 상대성 이론에 커다란 발전이 있었다. 헤르만 민코프스키가 동시성의 상대성을 고려한 좌표계의 변환, 즉 시간과 공간 변환 공식을 수학적으로 증명한 것이다. 민코프스키는 대학시절 아인슈타인의 수학 교수이기도 했다. 그는 시간과 공간의 변환을, 시간과 공간을 합친 4차원 공간에서의 기하학적 성질로 설명하는 특수 상대성 이론의 수학적 의의를 증명했다.

그전까지 시간과 공간은 완전히 별개라고 생각했다. 그

런데 아인슈타인의 이론으로 시간과 공간을 하나의 차원으로 생각하게 된 것이다. 공간의 3차원과 시간의 1차원을 하나로 합친 4차원 공간이 진짜 물리적인 존재라는 것이 밝혀졌다.

헤르만 민코프스키(1864~1909)

이런 성과는 그 후 일반 상대성 이론으로 이행하는 데 중요한 발판이 되었다. 현대적 관점에서 특수 상대성 이론의 발견은 '민코프스키 공간'의 발견이라고도 할 수 있다. 4차원의 민코프스키 공간이 먼저 존재하고, 이 공간의 성질로부터 시간과 공간 좌표의 변환은 물론 다양한 물질의 존재에 이르기까지 특수 상대성 이론의 수많은 효과를 이끌어냈다.

일반 상대성 이론

또 하나의 발전은 일반 상대성 이론 연구가 시작됐다는 것이다. 일반 상대성 이론 연구는 중력의 상대론적 이론을 만드는 문제에서 탄생했다. 아인슈타인은 프라하에 머물던 무렵부터 이 문제를 생각했다. 중력의 상대론적 이론이 왜 필요한 것일까. 당시 힘의 법칙으로는 전자기력의 법칙과 뉴턴이 제창한 중력의 법칙이 있었다. 이 두 힘의 법칙 중 전자기력의 법칙은 처음부터 상대론적 이론이었다. 하지만 중력의 법칙은 특수 상대성 이론에 부합하지 않는다. 그렇기 때문에 중력의 상대론적 이론을 만들 필요가 있었다. 몇몇 학자들이 이 문제를 고찰했다. 일본의 이론물리학자 이시하라 아쓰시도 이 문제를 연구한 학자 중 한 명이다.

아인슈타인도 이 중력의 상대론적 이론을 만들고자 했지만 다른 학자들과는 전혀 다른 길을 걷는다. 그는 중력의 특별한 성질에 주목했다. 바로 '등가 원리'이다. 중력과 관성력은 구별할 수 없다는 원리이다.

관성력은 우리가 가속 운동을 할 때 느껴지는 힘이다. 예컨대 전차가 출발하거나 멈출 때 혹은 커브를 돌 때 발생하는 원심력과 같은 가속 운동을 할 때 받는 힘이다. 도는 것은 항상 가속 운동이다. 같은 속도로 돌면 가속 운동이 아니라고 생각할 수 있지만, 일정 속도로 도는 경우에도 시시각각 속도의 방향이 바뀌기 때문에 역시 가속 운동이다.

이처럼 속도의 크기나 방향이 바뀌는 가속 운동을 하는 경우에 받는 힘이 관성력이다. 관성력은 모든 물체에 작용한다. 또 중력은 우리와 가장 가까운 힘으로서 그 최대의 특징은 역시 모든 물체에 작용한다는 것이다. 중력을 만유인력이라고도 한다. 만유인력은 존재하는 모든 것에 작용한다는 뜻으로 중력의 성질을 잘 표현한 말이라고 생각한다.

엘리베이터 실험

관성력과 중력을 같다고 본 아인슈타인의 생각대로라면 중력은 마음대로 없앨 수도, 만들어낼 수도 있다. 이를테면 아인슈타인이 직접 설명한 '줄이 끊어진 엘리베이터 실험'이 있다.

밖이 보이지 않는 엘리베이터에 탄 상태에서 엘리베이터를 매달고 있는 줄을 끊는다. 그러면 안에 있는 사람에게는 일시적으로 중력이 사라진다. 엘리베이터가 자유 낙하하는 동안, 안에 있는 사람은 중력이 사라진 것처럼 보인다. 엘리베이터 안에 있는 사람이 손에 든 공을 놓아도 공은 떨어지지 않는다. 떨어지지 않는다기보다 공이 떨어지는 속도와 같은 속도로 자신도 떨어지고 있기 때문에 공이 손에서 떨어지지 않는 것처럼 보이는 것이다. 공이 떨어지지 않기 때문에 엘리베이터에 타고 있는 사람에게는 중력이 사라졌다고 할 수 있는, 이른바 무중력 상태가 된 것이다.

이렇게 가속 운동을 하는 좌표계, 여기서는 엘리베이터에 정지한 좌표계와 엘리베이터와 함께 움직이는 좌표계에서 보면 중력이 사라졌다고 할 수 있다.

마찬가지로 엘리베이터를 로켓에 매달고 중력이 없는 우주 공간으로 갔다고 생각해보자. 로켓이 가속하며 엘리베이터를 끌고 있다. 엘리베이터 안에 있는 사람은 버스가 출발할 때처럼 뒤로 밀리는 듯한 힘을 느낄 것이다. 중력이 모든 물체에 작용하듯 관성력도 모든 물체에 작용한다. 엘리베이터 안에 있는 사람은 관성력과 중력을 전혀 구별할 수 없을 것이다. 공상과학 소설에 종종 등장하듯 우주 공간에 거대한 인공도시를 건설하는 경우, 무중력 상태가 불편하기 때문에 빙글빙글 돌려서 원심력을 만들어내고 그것을 중력이라 생각하고 살면 된다는 이야기가 있다. 중력은 그런 가속 운동, 이른바 속도가 변화하는 운동을 하는 좌표계에서 자연히 나타난다.

여기서는 속도가 변화하는 것을 모두 가속도라고 부른다. 속도가 줄거나 속도는 일정하지만 방향이 바뀌는 것

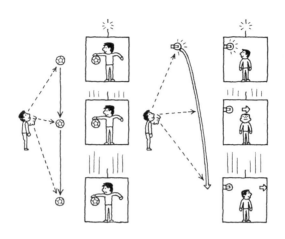

도 모두 가속 운동이다. 아인슈타인은 그런 가속 운동을 하는 좌표계에서는 언제든 중력은 사라지거나 무중력 상태가 될 수 있다는 것을 깨달았다. 그리고 그는 무중력 상태의 좌표계에서 모든 물리 법칙은 동일하다고 생각했다.

무중력 상태에서 일어나는 사건에 대해 가속 운동을 하면 중력이 있을 때와 같은 물리 현상이 일어난다고 생각했다. 앞서 예를 든 줄이 끊어진 엘리베이터 실험에서 엘리베이터와 함께 낙하하는 좌표계는 무중력 상태로, 엘리베이터 안에서 일어나는 물리 현상을 지면에 고정된 좌표계에서 보면 중력이 작용할 때와 똑같이 보인다. 중력이 작용하지 않는 좌표계, 더 정확히 말하면 다른 힘이 작용하지 않으면 공이 정지해 있는 무중력 상태의 좌표계에 대해 가속 운동을 하는 좌표계, 즉 지면에 고정된 좌표계에서 보면 중력에 의해 공이 낙하하는 것처럼 보인다.

빛이 휘어진다

다른 결론도 나왔다. 예컨대 빛은 직진한다고 알려져 있다. 혹은 빛은 항상 빛의 속도로 진행한다고도 한다. 하지만 이런 법칙은 실은 무중력 상태, 즉 중력이 작용하지 않는 좌표계에서 성립하는 현상이다.

빛이 직진하는 현상을 가속 운동을 하는 좌표계에서 보면 빛은 휘어져서 진행한다.

자유 낙하를 하는 엘리베이터의 한쪽 벽에서 다른 쪽 벽을 향해 빛을 발사했다고 하자. 빛은 엘리베이터와 함께 낙하하는 좌표계에서는 똑바로 진행한다. 그런데 이 모습을 지면에 정지한 좌표계에서 보면 휘어져 보인다. 빛이 한쪽 벽에서 다른 쪽 벽으로 진행하는 동안에도 시간이 흐르기 때문에 빛이 낙하하는 것이다. 빛이 다른 쪽 벽에 닿을 때 엘리베이터 안에서 같은 높이에 있던 발사점의 위치는 아래로 내려간다. 그렇기 때문에 빛도 아래로 낙하하며 진행한다. 또 엘리베이터가 점점 빨라지고 있기 때문에 물체를 던졌을 때 생기는 '포물선'의 형태로 빛이 곡선을 그리며 다른 쪽 벽에 도달한다. 이것을 지면에 정지한 좌표계에서 보면, 중력 때문에 빛이 휘어졌다고 할 수 있다.

아인슈타인은 이런 고찰을 통해 별빛이 중력이 강한 태양 주변을 지날 때 휘어질 것이라고 예상했다. 1911년의 일이다.

이런 예상을 실제로 관측하려면 '개기일식'현상이 필요했다. 태양이 너무 밝아서 평소에는 태양의 뒤쪽에서 빛나는 별빛을 관측할 수 없다. 일식으로 태양빛이 가려졌을 때 태양 근처를 지나가는 별빛을 관측해야 한다. 아인슈타인은 여러 천문학자에게 편지를 써서 별빛이 휘어지는 현상을 관측해보면 어떻겠냐고 제안했다. 관측 계획이 세워지기도 했지만 제1차 세계대전이 발발하면서 관측이 미뤄졌다.

'특수'에서 '일반'으로

아인슈타인은 빛과 중력의 문제를 통해 일반 상대성 이론을 확립했다. '일반'이라는 의미는 다양한 좌표계 사이의 운동이 '일반적'이라는 뜻이다. 그에 대해 '특수'라는 것은 일정 속도라는 '특수한' 운동으로 움직이는 좌표계 사이에서는 동일한 물리 법칙이 적용된다는 상대성 원리이다.

일반 상대성 이론은 좌표계 사이의 상대적 운동에 가속 운동을 포함하는 경우의 상대성 원리로 확장한 것이다. 이때는 필연적으로 중력에 대한 새로운 해석과 결합한 형태로 상대성 원리가 성립하게 된다.

자유롭게 움직이는 좌표계에서는 일반적으로 관성력이 나타난다. 좌표계마다 다른 관성력이 작용하는 상태가 되는데 이것을 중력으로 바꿔 말할 수 있다. 중력으로 바꿔 말해도 좋고 혹은 중력 대신 모든 현상을 관성력으로 바라볼 수도 있다. 상대성 원리에 따르면 '중력이 작용하지 않는 좌표계에서 모든 물리 법칙은 일정하다.' 중력이 작용하지 않는 좌표계에서의 현상을 그 좌표계가 가속 운동을 하는 것으로 보이는 좌표계에서 보면 중력이 작용하는 현상이 된다. 그렇게 어떤 운동을 하는 좌표계로 옮겨도 물리

마르셀 그로스만(1878~1936)

법칙으로 표현할 수 있는 이론 체계를 만들면 그것이 중력 이론이 되는 것이다.

아인슈타인은 이런 생각을 수학적으로 표현하고자 애썼다. 그 무렵 아인슈타인의 취직을 도와주었던 대학 친구 마르셀 그로스만은 수학자가 되어 있었다. 아인슈타인은 그로스만의 도움을 받아 '리만 기하학'을 이용해 일반 상대성 이론을 완성했다. 초기 논문은 그로스만과 협력해 썼다. 매우 수학적인, 그때까지 물리학에서는 사용된 적이 없는 새로운 수학을 이용해 일반 상대성 이론을 완성한 것이다.

일반 상대성 이론 연구가 시작된 것은 1912년에서 1913년 무렵이었다. 1913년 말, 아인슈타인은 베를린대학으로 옮겼다. 당시 베를린대학은 물리학 연구의 중심에 있었다. 독일에서 한창 물리와 화학 연구에 힘을 쏟고 있었기 때문이다. 강한 나라를 만들기 위해 꼭 필요한 연구라는 풍조가 있었다. 플랑크 등의 학자들이 앞장서서 아인슈타인을 베를린대학에 초청했다.

아인슈타인은 독일을 그리 좋아하지 않았던 것 같다. 뮌헨에 머물던 시기에도 좋은 추억은 많지 않았다. 당시 독일은 군국주의적 풍조가 지배하고 있었다. 그런 사회 분위기 때문에 주저했지만 물리학 연구의 중심으로서 여러 훌륭한 학자들과 토론할 수 있는 기회였기 때문에 결국 독일로 이주했다.

아인슈타인의 막연한 불안감이 현실이 되었다. 베를린에 온 지 얼마 지나지 않아 제1차 세계대전이 발발했다. 전쟁이 끝나기까지 많은 일들이 있었지만 그는 비교적 순조롭게 연구에 매진할 수 있었다. 그로스만의 도움을 받아 일반 상대성 이론의 수학적 이론을 완성했다. 1915년부터 약 1년여에 걸쳐 일반 상대성 이론을 완성했다.

아인슈타인은 이때 상대성 이론뿐 아니라 훗날 원자물리학과 양자역학으로 발전하게 될 다양한 연구를 했다. 당시 물리학계에서 원자물리학과 양자역학은 새롭게 떠오르는 분야였다. 아인슈타인은 그런 분야에서도 몇몇 중요한 성과를 남겼다.

이론의 검증

복잡한 수학을 이용해 이론을 완성했지만 정작 이론을 검증할 만한 현상을 찾기 어려웠다. 그것이 늘 고민이고 불만이었던 아인슈타인은 이론을 실험적으로 검증할 방법을 찾기 위해 골몰했다.

한 가지 떠오른 생각이 행성의 운동에 미치는 영향이었다. 일반 상대성 이론으로 중력에 대한 해석이 달라졌으니 행성의 운동 법칙도 달라질 것이었다. 물론 극히 미미한 부분이었다. 사실 뉴턴의 이론으로도 잘 맞았기 때문에 굳이 혼란을 일으킬 이유가 없었다. 실제 일반 상대성 이론을 행성의 운동에 적용하자 뉴턴의 이론과 거의 일치했다. 하지만 아주 작은 차이가 발생하기도 했다.

이를테면 타원 운동을 하는 행성의 운동이 뉴턴 역학의 예측과 달랐다. 중력이 강한 곳에서 원 운동을 크게 벗어난 타원 운동을 하는 행성의 운동은 일반 상대성 이론의 효과를 확인하기에 적당하다. 그런 점에서 태양과 가까운 수성의 궤도를 관찰하는 것이 가장 좋다. 아인슈타인의 이론에 따르면 타원 운동을 하는 수성의 장축은 조금씩 회전한다. 실제로 수성의 궤도 운동을 확인한 결과 사실로

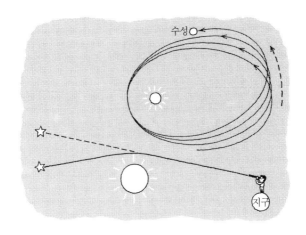

드러났다. 하지만 대부분 뉴턴 역학을 대입해도 일어나는
운동이다. 그런데 뉴턴 역학을 적용해도 일어나는 부분을
제외하더라도 여전히 뉴턴 역학으로 설명할 수 없는 부분
이 남는다. 아인슈타인은 그 부분을 일반 상대성 이론의
효과로 설명하려고 했다. 그것은 수성의 공전 궤도가 100
년에 43초가량 틀어지는 아주 작은 효과였다. 하지만 행
성 궤도 관측이 매우 발달하면서 그 효과를 확실히 검증할
수 있었기 때문에 아인슈타인의 이론이 맞는다는 것을 증
명했다.

또 한 가지, 일반 상대성 이론 검증에 큰 역할을 것은 1919년의 일식 때 태양을 스치는 별빛이 휘어지는 효과를 관측한 일이었다.

아인슈타인의 일반 상대성 이론은 제1차 세계대전 중에 발표됐다. 당시 독일과 영국은 교전국이었다. 하지만 아인슈타인의 이론을 알고 있던 영국의 한 천문학자는 1919년 3월로 예상된 일식을 절호의 기회라고 보고 관측 계획을 진행했다.

1919년 3월은 전쟁이 끝난 이듬해였지만 관측 준비는 전쟁 중일 때 시작되었다. 영국의 천문학자 아서 에딩턴이 관측대장을 맡아 계획을 진행했다. 당시 무척 난해한 이론으로 알려져 있던 일반 상대성 이론을 이해하는 사람은 전 세계에 몇 없었다. 에딩턴은 일찌감치 일반 상대성 이론의 진수를 이해한 학자 중 한 사람이었다.

그는 만반의 준비를 갖춰 일식 관측대를 꾸렸다. 전쟁은 1918년 11월에 끝났다. 일식은 브라질과 서아프리카에서 관측할 수 있었기 때문에 팀을 둘로 나눠 양쪽에서 관측하기로 했다.

일식 당일 서아프리카는 날씨가 그리 좋지 않았지만 다

행히 사진 몇 장을 찍을 수 있었다. 그 사진과 런던에서 찍은 사진을 비교했다. 런던에서 찍은 사진에는 별빛이 태양을 지나지 않고 곧장 들어오는 것처럼 보였다. 두 장소에서 찍은 사진을 비교하면 빛이 태양 근처를 지날 때 얼마나 휘어지는지를 알 수 있다. 본래 태양 뒤에 있던 별이 태양에서 멀어지듯 방향이 바뀌었다. 결과를 자세히 검토하자 아인슈타인의 예상대로 빛이 휘어지는 현상이 발견되었다. 각도로 치면 약 1.7초이다. 1도가 60분, 1분이 60초이기 때문에 얼마나 작은 각도인지 짐작이 갈 것이다. 아주 미미한 효과였지만 확실히 관측할 수 있었다.

높아진 명성

이 발견은 당시 신문에 대대적으로 보도되었다. 뉴턴 이후의 대발견이라며 일약 세계적인 명성을 얻게 된 것이다. 아인슈타인이라는 이름이 과학자나 물리학자들 사이에서만이 아니라 더 넓은 층으로 알려지게 된 것도 이때였다. 뉴턴 이후 물리학 분야의 혁명이라는 언론의 대대적인 보도가 이어지면서 대중들에게도 이름이 알려졌다. 아인슈타인의 상대성 이론은 이미 물리학의 일대 혁명으로 인식되고 있었지만, 어디까지나 소수의 전문가와 학자들만 알았을 뿐이다. 그런데 이 관측으로 아인슈타인과 상대성 이론의 존재가 급격히 세상에 알려지게 되었다.

마침 제1차 세계대전이 끝나고 세상에 평화가 찾아온 때였다. 과거 대전국의 학자들이 협력해 새로운 중력 법칙을 발견했다는 사실도 사회적으로 관심을 모았다. 그렇게 아인슈타인은 본의 아니게 세계적인 명사가 되었다. 세계 각지에서 강연 초청이 끊이지 않았으며 영국, 프랑스, 미국 그리고 1922년에는 일본을 방문했다.

아인슈타인이 일반 상대성 이론을 검증하기 위해 제안한 또 다른 방법이 있다. 중력에 의한 빛의 에너지 변화 효과이다. 중력이 강한 곳에서 약한 곳으로 들어오는 빛은 에너지가 줄어든다는 효과이다. 예컨대 빛의 스펙트럼이 파장이 짧은 파란색에서 파장이 긴 붉은색 쪽으로 치우친다. 이런 효과를 '적색편이'라고 한다. 아인슈타인은 태양빛에서 적색편이가 나타나는지, 태양보다 중력이 훨씬 강한 백색왜성이라는 별에서도 관측이 가능한지를 천문학자에게 제안했다. 하지만 오랫동안 관측에 성공하지 못했다. 뒤에서 이야기하겠지만 제2차 세계대전 이후 지구의 중력장 안에서 이 효과를 관측하는 데 성공했다.

더 나아가 그는 일반 상대성 이론의 예언 중 하나로 '중력파'의 존재를 주장했다. 빛이나 전파가 전자장의 진동이 전달되는 효과인 것처럼 중력장의 변동이 전달되는 효과로 중력파가 존재한다고 예언한 것이다. 중력파는 물체가 운동할 때 필연적으로 발생하기 때문에 검출할 수 있으리라 생각했다. 하지만 실제 계산해보니 중력파를 포착하기가 쉽지 않고 실험적으로 검출하기도 어렵다는 것을 알았다. 하지만 현재까지도 전 세계 10여 개 이상의 그룹들이 중력파 검출장치 개발에 힘쓰는 등 중력파를 관측하기 위한 노력이 계속되고 있다.

제5장
그 후의 아인슈타인

열광적인 인기

1919년 '태양 근처를 지날 때 빛이 휘어진다'는 일반 상대성 이론의 효과를 발견하면서 아인슈타인은 세계적인 명성을 얻었다. 얼마나 인기가 높았는지 그해 태어난 아이들 중에는 알베르트 아인슈타인의 이름을 딴 알베르트라는 이름이 많았다고 한다. 1919년에 태어난 자녀에게 너도나도 알베르트라는 이름을 붙였던 것이다. 같은 해 베를린에서는 '상대성(Relativität)'이라는 담배까지 출시됐을 정도였다.

아인슈타인이 있던 베를린대학에는 그의 강의를 듣기 위해 찾아오는 사람은 물론 관광객들까지 몰려들었다고 한다. 타인에게 불쾌감을 주는 것을 꺼렸던 아인슈타인은 그런 사람들에게도 요령껏 잘 대처했던 것 같다. 강의 전에 간단한 인사말을 한 뒤 잠시 쉬면서 그의 얼굴을 보려고 찾아온 사람들이 돌아갈 수 있는 시간을 주었다. 그런 후에 본격적인 강의를 시작했다는 이야기가 전해진다.

그만큼 아인슈타인의 인기는 굉장했다. 세계 각지에서 초청이 끊이지 않았다. 영국과 프랑스를 방문한 아인슈타인을 보기 위해 몰려든 군중으로 엄청난 소란이 벌어지기

도 했다. 영국과 프랑스는 제1차 세계대전 당시 독일과 전쟁을 벌인 나라이다. 적국이었던 독일에서 위대한 학자가 방문한다는 것은 전쟁 직후 평화 무드를 조성하는 데도 큰 역할을 했던 것 같다.

일본 초청

아인슈타인은 1922년 11월 17일 일본을 방문해 12월 29일까지 머물렀다. 1922년은 관동 대지진이 일어나기 바로 전해였다. '다이쇼 데모크라시'라고 불리던 시대가 막을 내릴 무렵으로 서구 문화에 대한 관심이 매우 높았던 시기였다.

아인슈타인 초청은 일본의 가이조샤改造社라는 출판사 사장 야마모토 사네히코가 열성적으로 추진한 계획이었다. 민간 출판사 사장이 아인슈타인을 초청하는 데 성공한 것은 무척 이례적인 일이 아닐 수 없다.

아인슈타인은 10월 7일 마르세유를 출발해 기타노마루라는 일본 여객선을 타고 고베로 향했다. 처음으로 아시아를 방문하는 아인슈타인은 일본에 큰 흥미를 갖고 있었다고 한다. 싱가포르에 도착했을 즈음에 전보를 통해 1921년도 노벨상 수상 소식을 듣게 되었다. 이미 1922년이었지만 전년도 노벨상 수상자가 결정되지 않았던 것이다.

원자의 구조를 밝혀낸 공로로 1922년 노벨상을 수상하게 된 덴마크의 물리학자 닐스 보어와 함께 아인슈타인의 수상이 결정되었다.

아인슈타인은 상하이에 들러 잠시 상하이 시내를 둘러본 후 곧장 고베로 갔다. 고베에서 아인슈타인을 맞은 사람은 가이조샤의 사장 야마모토와 물리학자 나가오카 한

이시하라 아쓰시(1881~1947)   나가오카 한타로(1865~1950)

타로, 이시하라 아쓰시, 아이치 게이치, 구와키 아야오 등
이었다. 그리고 가이조샤와 인연이 있던 사회운동가 가가
와 도요히코도 있었다.

 특히 이시하라 아쓰시는 아인슈타인이 일본에 머무는
동안 그를 도와 많은 일을 했다고 한다. 일반 강연에서 아
인슈타인의 통역을 맡은 것도 이시하라였다. 이시하라는
당시 상대성 이론을 연구하던 소수의 일본 학자 중 한 사
람이었다. 아인슈타인의 일본 방문 얼마 후 세상을 떠나
안타까움을 주었던 아이치 게이치라는 물리학자도 새로
운 물리학을 시작했던 인물이다.

베를린에서 플랑크를 사사한 구와키 아야오는 1909년 경에 이미 아인슈타인을 만나 교류를 이어온 인물이다.

나가오카 한타로는 당시 일본 물리학계의 대가로 '나가오카 모형'으로 불리는 원자 모델을 제창하며 세계적으로 이름을 알린 일본인 물리학자였다. 그런 사람들의 마중을 받으며 고베에 도착한 아인슈타인은 일본에서도 바쁜 일정을 보냈다.

전국 강연

아인슈타인은 교토에 잠시 들렀다 도쿄로 향했다. 도쿄에서는 약 2주에 걸쳐 수많은 강연을 했다. 일반인 대상의 강연은 물론 도쿄대학에서 학자들을 대상으로 한 상당히 전문적인 강의도 있었다.

그 후 센다이의 도호쿠대학 등에서 강연했다. 센다이 강연을 마친 후에는 나고야에 잠시 들렀다가 또다시 교토 대학에서 수차례 강연을 했다. 끝으로 후쿠오카로 이동해 규슈대학 등에서 강연을 했다.

대학 강의는 일반 강의실에서 이뤄졌지만 일반인 대상

의 강연은 시의 공회당이나 극장 등에서 이뤄졌다고 한다. 나고야에서는 나고야 국기관에서 강연을 했다고 한다. 엄청난 수의 청중을 불러 모은 강연이었다. 후쿠오카에서는 다이하쿠극장이라는 곳에서 강연했다. 일반인 대상의 강연은 대부분 유료였음에도 만원을 이루었다고 한다.

당시 일본에서는 아인슈타인 붐이라고 할 만큼 열광적인 인기를 모았다. 아인슈타인의 방문 소식에 정·재계 인사들은 물론이고 황족들까지 나가오카 한타로 등을 초청해 아인슈타인의 상대성 이론에 대한 강의를 부탁했을 정도였다.

당시 일본의 모든 잡지가 '아인슈타인의 상대성 이론' 특집을 기획했다. 〈중학세계〉나 〈여학세계〉 등의 잡지는 '중학생도 이해하는 상대성 이론' 따위의 특집을 기획해 폭발적인 판매고를 달성했다.

일본에서 상대성 이론을 연구한 사람은 앞서 이야기한 이시하라, 아이치, 구와키 등이었다. 아인슈타인의 일본 방문은 그 후 일본 물리학계의 성장에도 큰 역할을 했지만 사회적으로 미친 영향도 대단했다.

내각 회의에서조차 일반인들이 아인슈타인의 상대성

이론을 이해할 수 있을지에 대해 토론을 벌였다는 이야기가 전해진다. 또 하카타의 한 극장에서 진행된 강연에서는 칠판이 없어 가까운 중학교에서 칠판을 빌려와 사용했다고 한다. 당시 칠판에 쓴 아인슈타인의 글을 지우지 않고 그대로 보관했다고 한다.

이처럼 당시 일본에서 아인슈타인의 인기는 굉장했다. 또 그의 성품도 일본인들에게 크게 호감을 주었다고 한다.

나치즘의 대두

당시 독일의 환경은 아인슈타인에게 그다지 호의적이지 않았다. 독일에서도 크게 화제가 되었을 만큼 유명 인사였지만, 그와 동시에 질시의 대상이 되기도 했다. 거기에는 정치적인 배경이 있었다.

독일 사회에 나치즘이 대두했던 것이다. 제1차 세계대전 이후 독일 사회는 경제 불황 등의 다양한 어려움을 겪고 있었다. 그런 상황을 이용해 '아리아인에 의한 위대한 독일을 부흥하자'는 운동이 일어났다. 그 희생양으로 유대인들이 지목되면서 유대인 배척이 나치즘 운동의 일환이 되었다.

유럽과 미국 등지에 흩어져 살아가던 유대인들은 근면한 기질로 사회적으로 성공한 이들이 많았다. 경제 불황 등을 유대인 탓으로 돌리는 인종 차별적 의식을 부추겨 민중의 불만을 결집하려는 운동이 일어났다. 그런 혼란을 틈타 나치즘이 대두한 것이다.

아인슈타인이 세계적인 명성을 얻게 되자 나치즘의 유대인 배척 운동은 아인슈타인을 표적으로 삼았다. 유대인 박해를 더욱 강화한 것이다.

수개월에 걸친 일본 여행은 그런 상황에서 벗어나 잠시나마 마음 편히 지낼 수 있는 시간이 아니었을까 생각된다.

노벨상 수상

아인슈타인은 상대성 이론이 아니라 1905년에 발표한 〈광양자 가설〉 논문의 업적으로 노벨상을 수상했다.

여기에도 유대인 배척 운동이 관련돼 있다. 상대성 이론은 세계적으로 유명해졌지만 그와 동시에 나치즘의 표적이 되면서 상대성 이론에 대한 평가 역시 정치 문제로 비화되었다. 괜한 정치적 논란을 피하기 위해 노벨상을 수여하지 않은 이유도 있었던 것 같다.

또 다른 이유는 상대성 이론의 성격과 관계가 있다. 노벨상은 인간 생활에 기여한 새로운 발견에 수여하는 상이다. 앞서 이야기했듯이 상대성 이론은 전자기학을 연구하다 발견했지만 전자기학 자체는 아무것도 바뀌지 않았다. 그렇기 때문에 상대성 이론은 완성된 이론의 또 다른 해석에 불과하다는 이의가 제기되었다.

새로운 발견이 아니라 하나의 해석일 뿐, 특별히 새로울 것이 없다는 평가였다. 물론 전자기학의 관점에서 아무것도 바뀌지 않은 것은 사실이다. 하지만 상대성 이론은 그 후 물리학이 '소립자 물리학'이라는 단계로 발전하면서 잇따라 새로운 발견을 내놓았다. 아쉽게도 당시에는 아직 물리학이 그 정도 수준에 이르지 못했던 것이다.

그런 이유로 불필요한 논란과 물의를 일으킬 가능성이 있는 상대성 이론 대신 노벨상을 받을 가치가 충분한 연구에 대해 상을 수여하는 편이 무난하다고 판단했던 것 같다.

양자역학의 탄생

1920~1930년대의 물리학 분야에서 아인슈타인의 일반 상대성 이론은 결코 주류가 아니었다. 이 시기 물리학의 대세는 원자 물리학에서 발견한 '양자역학'이었다. 그리고 양자역학에서 더욱 발전한 '원자핵 물리학'과 '소립자 물리학'이 시작된 시기이기도 했다. 아인슈타인 역시 양자역학의 탄생과 발전에 중요한 역할을 했다.

여기서 잠시 이 분야의 물리학의 흐름을 살펴보자. 19세기 말, 전하의 최소 단위로서 전자가 발견되었다. 방전관 연구를 통해 전자의 존재를 확인했으며, 원자 안에 전자가 존재한다는 사실도 밝혀졌다.

이어서 원자 내부의 구조에 대한 연구가 이뤄졌다. 원자가 다양한 빛을 흡수하거나 방출하는, 물질과 빛의 상호작용이 원자 내부의 구조와 관련한 문제로 떠올랐다. 이어서 밝혀진 새로운 현상은 방사능의 발견이었다. 또 우주에서도 방사선이 쏟아져 들어온다는 것을 알게 되었다. 방사능 발견에 관해서는 앙투안 베크렐과 마리 퀴리 부인이 유명하다. X선을 발견한 빌헬름 뢴트겐도 명성을 떨쳤다. 여러 새로운 현상에 대한 연구가 시작된 시기였다. 그

중에서도 물질과 빛의 상호작용 및 원자의 내부 구조에 관한 연구가 발전했다.

아인슈타인은 물질과 빛의 상호작용에 대해 광양자 가설이라는 중요한 연구를 했다. 이 연구는 1900년 독일의 플랑크가 '작용양자 가설'을 발표하면서 시작되었다. '작용'은 에너지라고 할 수 있다. 에너지에는 더 이상 나눌 수 없는 크기의 최소 단위가 있다는 가설을 도입함으로써 그때까지 이해하지 못했던 다양한 현상을 설명할 수 있게 되었다.

1900년은 중국에서 '의화단 봉기'가 일어난 해였다. 또 아인슈타인이 광양자 가설과 상대성 이론을 제창한 1905년 일본에서는 러일전쟁이 한창이었다. 러일전쟁은 1904년에 발발해 1906년에 끝났다. 그런 시대였다.

원자 모형

1911년 영국의 어니스트 러더퍼드는 원자 중앙에 있는 원자핵이 원자 질량의 대부분을 차지하며, 그 원자핵 주위를 전자가 돌고 있다는 원자 모형을 제창했다. 이 원자 모형은 일찍이 일본의 나가
오카 한타로가 주장했지
만 러더퍼드는 실험적으
로 이 모델이 옳다는 것
을 밝혀냈다. 원자핵은
양의 전하를 가지며, 그
전하를 상쇄하는 음의 전
하를 가진 전자가 원자핵
주위를 돌고 있다.

어니스트 러더퍼드(1871~1937)

1913년에는 덴마크의
물리학자 닐스 보어가 이 나가오카-러더퍼드의 원자 모형
을 토대로 원자가 빛을 방출하거나 흡수하는 원리를 설명
하는 이론을 제창했다. 이것은 그 후 양자역학의 발견으
로 이어지는 아주 중요한 연구가 되었다. 보어의 원자 모
형을 바탕으로 원자의 성질에 관한 연구가 비약적으로 발
전했다. 아르놀트 조머펠트나 막스 보른 등이 보어의 이
론을 이용해 많은 발견을 했다.

1923년에는 프랑스의 루이 드브로이가 물질파 이론을
제창했다. 구체적으로는 전자의 성질에 대한 연구였다.

그때까지 입자로 알고 있던 전자가 실은 파동의 성질을 갖고 있다고 주장했다. 실제 전자가 파동처럼 행동한다는 것은 일본의 물리학자 기쿠치 세이시 등이 실험을 통해 입증했다.

물질파 이론에 이어 1925년에는 당시 24세였던 독일의 베르너 하이젠베르크가 '행렬역학'이라는 빛의 흡수·방출을 다룬 새로운 역학을 발견했다.

이어서 오스트리아의 에르빈 슈뢰딩거도 드브로이의 이론을 발전시킨 '파동역학'을 제창했다. 그 후 보른과 폴 디랙 등이 하이젠베르크와 슈뢰딩거 이론의 관계를 증명하면서 양자역학이 완성되었다.

양자역학은 미시 세계를 다루는 역학으로서 상대성 이론과는 또 다른 의미에서 뉴턴 역학의 완전한 변경을 의미하는 대변혁이었다.

소립자 연구

기본적인 원자의 문제가 해결되자 이번에는 원자핵의 구조와 원자핵을 구성하는 소립자의 성질에 대한 연구가 전개되었다.

원자핵에서 방출되는 방사능의 실험적 연구나 우주에서 들어오는 우주 방사선 관측 등의 연구가 활발히 이뤄졌다. 특히 1920년대 말부터 1930년대에 걸쳐 새로운 물리학 연구 결과가 속속 탄생했다.

1928년 디랙은 상대론적 전자 이론을 발표했다. 그 이론으로 반물질, 반입자의 존재를 밝혔으며 그 후 실험적으로도 발견되었다.

1932년에는 중성자가 발견되었다. 원자핵은 몇 개의 양성자와 중성자가 결합한 것이라는 것을 알게 되었다. 양성자와 중성자의 질량은 거의 같으며, 전자의 1,800배나 무거운 입자이다. 양성자는 양의 전하를 갖지만 중성자는 전하를 갖지 않는다.

또 이탈리아의 엔리코 페르미와 일본의 유카와 히데키가 등장하면서 소립자의 성질과 상호작용을 연구하는 소립자 물리학이 시작되었다. 1929년 일본을 방문한 하이젠베르크와 디랙은 당시 학생이었던 유카와 히데키와 도모나가 신이치로 등에게 큰 자극을 주었다고 한다.

1934년 유카와 히데키가 '중간자론'을 제창하면서 일본

유카와 히데키

에서도 새로운 물리학 연구에 참여하는 학자들이 속속 나타났다.

이처럼 물리학의 새로운 흐름은 아인슈타인을 중심으로 발전한 것이 아니었다. 특수 상대성 이론은 19세기의 전자기학 문제를 해결했으며, 발견 당시부터 완전한 이론으로서 다양한 연구에 이용되었다. 특히 원자핵이나 소립자 연구에 없어서는 안 될 중요한 이론이었다. 하지만 상대성 이론은 어디까지나 새로운 연구를 위한 도구일 뿐 내용 자체는 아니었다. 또 아인슈타인이 새롭게 발표한 일반 상대성 이론은 당시 학계의 중심 문제로 발전하지 않았다.

우주론

　그 후, 일반 상대성 이론은 아인슈타인이 처음 생각한 것처럼 우주론에 적용되었다. 1917년 아인슈타인은 일반 상대성 이론을 이용해 우주에 관한 이론을 전개했다. 천문학 분야의 발전으로 '팽창 우주론'이 관측적으로 발견되면서 한동안 일반 상대성 이론 연구가 굉장히 활발해졌다.

　1920년대 초, 천문학자들이 은하의 속도를 측정했더니 은하들이 우리 은하계로부터 멀어지고 있다는 사실을 발견했다. 또 먼 곳에 있는 은하일수록 빠른 속도로 멀어진다는 것을 알게 되었다.

　1929년에는 에드윈 허블이라는 미국의 천문학자가 축적된 관측 결과를 토대로 '은하의 후퇴속도가 거리에 비례한다'는 것을 발견했다. 거리가 멀어질수록 그에 비례하는 속도로 멀어진다는 것이었다. 즉 '우주는 팽창하고 있다'는 것이다. 중력이 작용하기 때문에 팽창은 점점 느려지고 있다. 중력에 의한 우주의 팽창 속도에 대해 일반 상대성 이론은 명쾌한 결론을 내놓았다.

　또 일반 상대성 이론에 따르면 우주 공간은 휘어져 있다는 것이다. 앞서 이야기한 '닫힌 우주'가 실재할 가능성을

에드윈 허블(1889~1953)

확인하기 위한 다양한 관측 계획이 실시되었다.

미국에서는 윌슨산 천문대나 팔로마 천문대 등에서 거대 망원경 건설 계획이 잇따랐다. 거대 망원경 건설 계획이 추진력을 얻게 된 한 가지가 우주 공간의 곡률, 우주가 얼마나 휘어져 있는지를 측정하는 것이었다. 하지만 이 연구는 당시 일반 상대성 이론이 예언한 휘어진 공간의 효과를 발견하지 못했다. 제2차 세계대전 후인 1960년대 이후로 미뤄질 수밖에 없었다.

블랙홀

1920년대부터 1930년대에 걸쳐 일반 상대성 이론과 관계된 새로운 문제가 제기되었다. 바로 블랙홀이다.

항성의 에너지가 원자핵 융합 반응으로 발생한다는 것

이 밝혀지면서 별의 에너지가 공급되는 기간을 추정할 수 있게 되었다. 그러면 필연적으로 별의 수명이 다한 후의 모습에 대해 의문을 갖게 된다.

열에너지를 공급하던 열원이 사라지면 별은 차갑게 식어 스스로의 중력으로 수축한다. 과연 어느 정도까지 수축할지가 문제였다. 새롭게 탄생한 양자역학이 이 문제에 해답을 제시했다.

차갑게 식은 별은 양자역학적 압력이라고 하는 압력에 의해 유지된다는 이론이었다. 그 이론을 더욱 발전시켜 차갑게 식은 별에서는 양자역학적 압력으로 유지될 수 있는 별의 무게에 한계가 있다는 것을 발견했다.

일정 무게보다 무거우면 별은 평형 상태를 유지할 수 없다. 중력이 이기기 때문에 별은 끊임없이 수축한다. 그런 상태를 별의 '중력 붕괴'라고 한다. 1930년경에 연구되었다.

최후를 맞은 별은 반지름이 작아지기 때문에 중력이 더욱 강한 상태가 된다. 그렇기 때문에 일반 상대성 이론을 적용해 중력 붕괴한 별 주위의 중력에 대한 이론적인 연구가 이뤄졌다. 일반 상대성 이론이 이른바 블랙홀을 예언한 것은 1917년의 일이었다. 1939년에는 미국의 이론물리학자 로버트 오펜하이머 등이 최후를 맞은 별이 어떻게 블랙홀이 되는지를 완전히 밝혀냈다.

하지만 우주론과 블랙홀 연구가 크게 발전한 것은 그로부터 20~30년이 지난 후였다. 관측적 연구, 실험적 연구는 기술의 진보 없이는 발전할 수 없기 때문이다. 이론적으로는 예측했지만 그것을 뒷받침할 사실을 증명하기에는 기술이 진보하지 못했던 것이다. 그렇기 때문에 당시 우주론이나 블랙홀에 대한 물리학 연구는 크게 활기를 띠지 못했다. 그에 비해 양자역학을 응용한 물질의 성질 연구나 새롭게 탄생한 원자핵·소립자 물리학은 눈에 띄게 발전했다. 그런 연구가 또다시 새로운 기술을 낳고 그 기술을 이용해 물질의 궁극적인 실체를 파헤치는 연구가 활발하게 전개되었다.

시대의 한계

양자역학의 탄생에는 아인슈타인도 크게 공헌했다. 하지만 아인슈타인은 양자역학에 대해 회의적이었다고 한다. 양자역학은 입자의 운동을 기술할 때 고전적인 견해처럼 입자의 위치와 속도를 설명하지 못했다. 어떤 속도를 갖게 될 확률이나 어떤 장소에 존재할 확률이 아인슈타인이 보기에는 매우 모호했던 것이다.

아인슈타인은 자연 현상이 확률로써 결정된다는 것에 불만을 표하며 "신은 주사위 놀이를 하지 않는다"고 비판했다. 양자역학은 여전히 불완전한 이론이며, 그 배후에 진짜 이론이 있는 것은 아닌지 혹 우리가 충분히 알지 못하는 부분을 확률이라고 하는 것은 아닌지 끝까지 의심했다고 한다. 그는 양자역학을 응용한 소장파 학자들의 연구로 점점 발전하는 물리학에 적응하지 못하고 줄곧 비판적인 자세를 고수했다.

아인슈타인과 같은 천재도 시대의 한계를 넘어서지는 못했던 것이다. 보어, 하이젠베르크, 디랙처럼 20대 초반의 젊은 학자들이 새로운 물리학의 흐름을 이끌며 발전시켰다. 1905년 젊은 시절의 아인슈타인이 플랑크나 로렌츠와 같은 대학자들을 제치고 특수 상대성 이론을 발견한 것처럼 이번에는 젊은 학자들이 아인슈타인의 뒤를 이어 새로운 흐름을 만들었다.

어떤 시대든 새로운 흐름을 만드는 사람은 기존의 사고 방식에 얽매이지 않는 청년들이었다. 새로운 물리학의 흐름, 양자역학, 원자 물리학은 아인슈타인을 잇는 새로운 학자들에 의해 계승되었다.

미국 망명

아인슈타인은 그 후 커다란 사회 격동에 휘말렸다. 독일에서 나치즘 운동이 점점 거세지더니 1933년에는 급기야 히틀러가 정권을 장악했다. 유대인 배척 운동이 극에 달하고, 결국에는 독일과 중부 유럽 일대에서 아우슈비츠 학살로 알려진 대학살이 자행되었다.

그런 격동 속에서 아인슈타인은 미국으로 망명했다. 1930년 미국으로 망명한 아인슈타인은 그 후 잠시 유럽에 돌아가기도 했지만 대부분은 미국에 머물며 1933년 히틀러가 정권을 장악한 이후부터 1955년 세상을 떠날 때까지 미국에 살았다.

아인슈타인은 미국 동부의 프린스턴이라는 대학 도시에 있는 고등 연구소에서 줄곧 연구에 매진했다. 물리학

면에서 그가 주로 집중한 연구는 '통일장 이론'이었다. 1928년에 이미 통일장 이론의 발단이 된 논문을 쓴 바 있다. 이 이론의 목표는 다음과 같았다. 중력을 공간의 곡률이라는 기하학적 관점에서 설명한 것처럼 전자기학도 기하학적으로 표현할 수 있다고 생각한 것이다. 중력과 전자기학을 통일한 하나의 이론과 그것을 기하학적으로 기술하고자 시작된 연구였다. 그는 프린스턴에서 기하학을 연구하는 수학자들과 함께 연구를 진행했다.

하지만 물리학의 큰 흐름을 만들어내진 못했다. 물리학 연구자들 사이에서는 거의 고립되다시피 연구에 매진했다. 제2차 세계대전 이후 일본의 수학자 야노 겐타로는 아인슈타인의 초대로 프린스턴을 방문하기도 했다.

1938년 아인슈타인은 그의 제자 레오폴트 인펠트와 협력해『물리는 어떻게 진화했는가』라는 일반인 대상의 물리학 서적을 출간했다. 이 책은 아인슈타인의 눈으로 본 상대성 이론부터 양자론에 이르는 물리학의 흐름을 정리한 내용으로 중·고등학생들도 읽을 수 있는 무척 좋은 책이다.

원자폭탄 개발

미국으로 망명한 아인슈타인에 대한 이야기 중 빠지지 않는 한 가지가 원자폭탄 개발과 제2차 세계대전 이후의 평화 운동이다. 굉장히 모순된 이야기 같지만 아인슈타인은 과학과 전쟁을 둘러싼 고뇌의 시대를 살았다.

1939년 독일에서는 우라늄의 원자핵이 핵분열 반응을 일으키는 것을 발견했다. 그 발견으로 우라늄을 농축하면 거대한 에너지가 폭발적으로 발생한다는 것을 알게 되었다. 당시는 제2차 세계대전이 발발한 때였다.

미국으로 망명한 유대인 학자들 중에는 히틀러가 우라늄으로 원자폭탄을 만들면 나치가 세계를 정복할 것이라는 공포를 가진 이들이 있었다. 그런 학자들 중 한 사람인

레오 실라르드는 독일과의 전쟁에서 이기려면 원자폭탄을 개발해야 한다고 주장했다. 그리고 아인슈타인의 명성을 이용해 미국 대통령을 설득하기로 했다.

1939년 실라르드는 프랭클린 루스벨트 대통령에게 아인슈타인의 이름으로 편지를 보내 원자폭탄 개발을 권유했다. 실제 아인슈타인이 서명을 하기는 했지만 실라르드의 간곡한 부탁 때문이었다고 한다.

미국의 원자폭탄 개발 계획은 블랙홀에 관해 이야기할 때 등장했던 오펜하이머를 중심으로 이뤄졌다. 그리고 일본의 히로시마와 나가사키에 원자폭탄이 투하되는 비극이 일어났다.

아인슈타인은 원자폭탄 개발 연구에 참여하지 않았다.

편지를 썼을 뿐 물리학자로서도 크게 관심을 갖지 않았던 것 같다. 애초에 원자폭탄 개발 계획에 구체적으로 관여하지도 않았을뿐더러 그의 편지가 아니었어도 미국은 연구에 착수했을 것이라고 한다.

러셀·아인슈타인 선언

아인슈타인은 원자폭탄이 일본에 투하된 것을 알고 크게 탄식했다고 한다. 엄청난 비극이 벌어졌음을 깨닫고 두 번 다시 일어나서는 안 될 일이라고 호소했다.

미국에 이어 소련도 원자폭탄을 개발하고 급기야 수소폭탄까지 만들었다. 두 나라는 경쟁적으로 원자폭탄과 수소폭탄 개발을 확대했다. 그런 심각한 사태에 대해 아인슈타인은 '러셀·아인슈타인 선언'을 통해 인류의 멸망을 초래할 어리석은 짓을 막아야 한다고 전 세계에 호소했다.

이 선언은 아인슈타인이 세상을 떠나기 직전에 서명한 것이다. 버트런드 러셀이 초안을 만든 이 선언은 세계인들을 향해 "인류 전체가 멸종당할 위험을 초래할 핵무기를 우선적으로 폐기해야 한다"고 천명했다.

이 선언에는 일본의 유카와 히데키도 서명했다. 유카와 히데키와 도모나가 신이치로 등은 일본에서 '러셀·아인슈타인 선언'의 실현을 위한 평화 운동을 펼쳤다.

'러셀·아인슈타인 선언'이 발표된 1955년은 아인슈타인이 세상을 떠난 해이기도 했다. 아인슈타인은 1955년 4월 18일 프린스턴의 병원에서 76세를 일기로 생을 마감했다. 격식에 얽매이는 것을 싫어했던 그의 성격을 반영해 장례식도 하지 않았다. 조용한 죽음이었다고 전해진다.

제6장
상대성 이론의 증명

상대성 이론과 미시 세계

아인슈타인의 상대성 이론에는 특수 상대성 이론과 일반 상대성 이론이 있다는 것을 살펴보았다.

이번에는 현 시점에서 상대성 이론이 증명된 사례와 상대성 이론의 효과를 확인할 수 있는 현상에 대해 알아보려고 한다.

특수 상대성 이론은 오늘날 전기·자기는 물론 원자핵과 소립자 현상 연구에 빠지지 않는 기초적인 이론이다. 앞서 물체가 빛의 속도에 가깝게 빨리 움직이면 상대성 이론의 효과가 뚜렷이 나타난다고 말한 바 있다. 그렇기 때문에 상대론적 효과를 확인하려면 무엇보다 속도가 빨라야 한다. 전하를 띤 입자를 전기의 힘으로 가속시켜 거의 빛의 속도에 가까운 수준까지 가속하는 입자가속기도 만들어졌다. 전자의 경우, 빛의 속도와 불과 1억분의 1정도 차이밖에 나지 않는 속도까지 가속시킬 수 있다. 빛의 속도를 1이라고 하면 그 속도가 0.99999999, 즉 0의 뒤에 9가 8개나 붙을 정도로 빛의 속도에 가까워진다. 아직 빛의 속도에는 이르지 못했지만 충분히 빛의 속도에 가까워졌다.

현재는 빛의 속도에 가까운, 굉장히 빠른 속도로 운동하는 입자를 실험에 이용할 수 있다. 상대성 이론을 이용해 설계한 입자가속기가 목적에 맞게 작동한다는 것은 상대성 이론이 옳다는 것을 증명하는 것이다.

또 빛의 속도는 움직이는 물체에서 방출되는 경우에도 일정하다는 것이 상대성 이론의 전제이다. 이것도 매우 빠른 속도로 운동하는 소립자가 빛을 방출하는 과정에서 확인되었다.

전하가 0인 파이 중간자는 에너지가 높은 감마선으로 붕괴한다. 이 파이 중간자가 거의 빛의 속도로 운동하는 경우에도 방출된 빛은 여전히 빛의 속도로 진행한다. 얼핏 생각하면 빛의 속도에 가깝게 운동하는 물체에서 방출되기 때문에 빛의 속도의 2배로 진행할 것 같지만 그렇지 않다. 이것도 실험적으로 증명되었다.

특수 상대성 이론은 운동하는 물체에서 시간은 느리게 간다고 예측했다. 이것도 다음과 같이 입증되었다. 뮤온의 반감기는 약 1.5 마이크로초로, 전자와 두 개의 뉴트리노로 붕괴한다. 반감기란 본래의 입자 개수가 거의 절반으로 붕괴하는 입자의 평균수명과 같은 것이다. 운동하는 물체의 시간이 느리게 간다는 것은 움직이는 뮤온의 평균

수명이 늘어난다는 것이다. 정지해 있는 뮤온의 평균수명에 비해 100배 혹은 1,000배나 수명이 늘어나는 것이 관측을 통해 밝혀졌다.

특수 상대성 이론은 소립자 세계의 인식에도 중요한 역할을 했다. 지금까지 상상조차 못 했던 입자에 대해 알려주었다. 이를테면 질량이 없는 입자는 떠올리기 쉽지 않다. 뉴턴 역학으로도 설명할 수 없다. 하지만 상대론적 역학에 따르면 질량이 없는 입자 역시 에너지를 가지고 있으며, 항상 빛의 속도로 움직인다고 생각할 수 있다. 질량이 없는 입자와 질량을 가진 입자가 충돌해 산란하는 과정도 입증되었다.

1928년 디랙은 특수 상대성 이론을 이용해 '반입자'의 존재를 예언했다. 그 후 1932년에는 전자의 반입자인 '양전자'가 발견되고, 제2차 세계대전 후에는 양자의 반입자인 '반양자'도 발견됐다. 다양한 소립자들에 각각의 반입자가 존재한다는 것이 밝혀졌다. 그런 반입자가 모여 반원자가 만들어지고 반원자의 집합체인 반물질이 존재한다. 이런 반물질 자체는 안정적이지만 물질과 접촉하는 순간 소멸하는 성질을 지녔다. 질량을 가진 입자와 반입자가 결합하면 질량이 완전히 사라지면서 빛 따위의 커다란 에너지로 바뀐다. 그런 입자와 반입자의 '쌍소멸' 현상도 실험을 통해 입증되었다.

질량·에너지 등가 원리

특수 상대성 이론 최대의 결론은 질량이 에너지의 잠재적인 형태라는 것이었다. 물질은 질량에 광속의 제곱을 곱한 값만큼의 질량 에너지를 잠재적으로 가지고 있다는 이 예언은 우리가 가진 에너지에 대한 기존의 사고방식을 뿌리째 흔들었다. 방사능 에너지 혹은 핵분열 에너지나 핵융합 에너지 등은 모두 물질의 질량 에너지로 설명할 수 있다.

불행하게도 인류는 원자폭탄으로 거대한 질량 에너지가 방출된 최초의 모습을 목격했다. 원자폭탄의 경우에는 질량의 1,000분의 1가량이 에너지로 바뀐 것이다. 히로시마에 투하된 원자폭탄은 약 1kg의 우라늄이 핵분열을 일으켜 발생한 에너지이다. 1g의 물질을 온전히 에너지로 바꾼 정도의 에너지 양이었다. 분필 토막 정도인 1g의 물체를 전부 에너지로 바꿀 수 있다면 원자폭탄급의 에너지가 발생하는 것이다.

에너지가 발생하면 그만큼 질량이 감소한다. 보통 우리 주위에서 사용되는 에너지는 질량으로 환산해도 극히 일부이기 때문에 에너지가 발생하면서 질량이 줄어드는 것을 크게 실감하지 못한다. 오히려 학교에서는 물질이 연소해도 연소 때문에 발생한 기체까지 포함해 생각하면 질량이 일정하게 유지된다는 것을 더 중요하게 가르친다. 하지만 앞서 이야기한 입자와 반입자가 결합해 소멸하는 경우에는 질량이 완전히 사라진다. 전부 에너지로 바뀌는 것이다.

질량의 감소는 거대한 에너지가 발생할 때 더욱 뚜렷이 나타난다. 태양은 엄청난 에너지를 뿜어낸다. 질량으로 치면 1초에 400만 톤가량의 물질이 소멸된다고 할 수 있다. 약 5,000만 년 동안 태양이 방출하는 에너지는 지구 1개분의 질량을 소멸시킬 정도의 에너지이다.

'질량·에너지 등가 원리'는 원자핵과 소립자와 같은 미시 세계를 연구할 때 필수불가결한 이론이며 매우 중요한 관계이다. 이 에너지와 질량의 관계를 설명하는 $E=mc^2$는

'아인슈타인의 공식'으로도 불린다.

중력의 효과

특수 상대성 이론의 효과가 물리학 전반에 영향을 미치는 것에 비해 일반 상대성 이론의 효과는 우리 주변에서는 거의 확인할 수 없는 아주 드문 현상이다. 일반 상대성 이론은 중력에 관한 현상을 연구하면서 등장했다. 중력은 천체와 같은 거대한 물체가 있어야만 비로소 크게 만들 수 있다. 지구나 태양 혹은 자연에 존재하는 거대한 물체를 만들어낼 수 없는 만큼 인공적으로 강한 중력을 만들 수 없다. 따라서 우리가 직접 할 수 있는 중력 실험은 자연 환경을 이용하는 것뿐이다. 지구의 중력이나 태양의 중력권 안에서 일어나는 현상에서만 관측이 가능하다.

하지만 우리에게는 또 하나의 가능성이 남아 있다. 지구의 중력이나 태양의 중력과 비교할 수 없을 만큼 강한 중력을 가진 천체가 우주에 존재하기 때문이다. 모든 천체는 우리에게서 멀어지고 있기 때문에 강한 중력권 안에 들어가 실험할 수는 없지만, 그곳에서 일어나는 현상을 멀리서 관측함으로써 중력이 강한 곳에서 일어나는 현상을 연구할 수 있다.

이렇게 일반 상대성 이론의 효과를 관측하는 중력 실험에는 두 가지 유형이 있다. 첫 번째는 태양이나 지구의 아주 약한 중력권에서 정밀한 실험을 통해 일반 상대성 이론의 효과 유무를 알아내는 것이다. 두 번째는 중력이 아주 강한 곳에서 일어나는 현상을 관측하는 것이다. 블랙홀이나 중성자별처럼 중력이 강한 별 혹은 강한 중력에 의해 일어나는 팽창 우주 등이 여기에 포함된다.

원자시계 측정

먼저, 정밀 실험에 대해 이야기해보자. 일반 상대성 이론에 따르면 중력이 강한 곳에서 시간은 느리게 간다. 지표면과 산 정상을 비교하면 지표면의 중력이 조금 더 강할 것이다. 위로 갈수록 중력은 약해진다. 상공에 있는 시계와 지표면에 있는 시계를 비교하면 지표면에 있는 시계의 시간이 더 느리게 간다.

1960년경 지구상에서의 이런 효과가 매우 정밀한 실험을 통해 검증되었다. 위아래 높이가 불과 22.6m 차이인 경우에도 시간은 다르게 흘렀다. 코발트의 원자핵은 감마선이라는 에너지가 높은 빛을 방출한다. 그 감마선의 진동수가 위쪽과 아래쪽에서 얼마나 다른지를 관측했다.

물론 지극히 미미한 차이였다. 하지만 일반 상대성 이론의 예언대로 위쪽보다 아래쪽의 시간이 더 느리게 간 것이 확인되었다. 최근에는 1m 높이에서도 관측이 가능하다. 1m 위와 아래에서도 시간이 다르게 흐르는 것이다. 물론 그 차이는 아주 작다.

1972년에는 중력이 시간에 미치는 효과가 다른 형태로도 입증되었다. 이번에는 비행기에 세슘 원자시계를 싣고 약 1만 m 상공에서 20시간가량 지구를 한 바퀴 돌았다. 그리고 지상에 있는 원자시계와 비행기에 실은 원자시계의 차이를 관찰했다.

비행기는 움직이고 있기 때문에, 움직이는 물체의 시간은 느리게 간다는 효과도 있다. 움직이는 물체의 시간이 느리게 가는 효과와 중력이 강한 곳에서 시간이 느리게 가는 두 효과가 겹친다. 게다가 지구의 자전도 고려해야 한다. 지구는 적도를 기준으로 1시간에 1,667km의 속도로

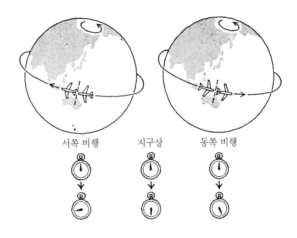

서쪽 비행   지구상   동쪽 비행

자전한다. 지구의 자전에 대하여 동쪽으로 비행하는 경우
와 서쪽으로 비행하는 경우의 속도가 다르다.

비행기의 속도는 1시간에 약 900km이다. 동쪽으로 비
행하는 속도는 지구의 자전 속도와 비행기의 속도를 더하
면 된다. 서쪽으로 비행하는 속도는 지구의 자전 속도에
서 비행기의 속도를 빼면 된다. 서쪽으로 비행하는 경우
에는 속도가 느려진다.

서쪽으로 비행하는 비행기는 지구의 자전 속도보다도
느리게 운동하기 때문에 시간은 지상에 있는 시계보다 더

빨리 간다. 또 높은 곳에서 비행하기 때문에 시간은 더 빨리 간다. 그 결과, 20시간 비행에 시간은 270나노초 더 빨리 간다. 나노초는 1초의 10억분의 1이다.

그렇다면 동쪽으로 비행하는 비행기는 어떨까. 높은 곳에서 비행하기 때문에 시간은 더 빨리 간다. 한편으로는 지구의 자전 속도보다 빠르기 때문에 시간은 느리게 간다. 결과적으로, 시간은 지상에서보다 느리게 간다. 약 40나노초 느리다. 이 비행기 실험의 결과는 상대성 이론의 예언과 정확히 일치했다.

이런 정밀 실험이 가능할 수 있었던 것은 1초간 100억분의 1 혹은 그 이상의 높은 정확도로 시간을 측정하는 원자시계가 있었기 때문이다.

1976년에는 로켓을 이용해 실험했다. 로켓에 원자시계를 싣고 1만 km 상공에서 100초간 시계에서 신호를 보내는 것이다. 그리고 지상에 있는 시계와 시간을 비교하는 방식이었다.

원자시계는 원자 속에서 운동하는 전자의 주기를 이용해 시간을 측정한다. 상공에 있는 원자시계가 빨리 간다는 것은 극단적으로 말하면, 지상에 있는 원자 안의 전자가 한 바퀴 돌 때 상공에 있는 전자는 두세 바퀴를 돌았다는 것이다.

공간의 곡률 측정

일반 상대성 이론의 또 하나의 중요한 예언은 '중력에 의해 공간이 휘어진다'는 것이었다. 공간이 휘어지면 삼각형의 내각의 합은 180°라는 공리가 성립하지 않을뿐더러 원둘레에 비해 지름이 길어지기도 한다. 공간이 휘어져 있다는 것을 삼각형이나 원을 그려서 확인한 것은 아니다. 조금 더 간접적인 형태로 관측했다.

앞서 직진해야 할 빛이 태양을 스쳐 지나갈 때 휘어지는 효과에 대해 이야기했다. 1919년의 일식 관측으로 처음 발견되었다.

1970년 이후가 되자 전파 망원경을 이용해 100배나 정밀한 관측이 가능해졌다. 일식이 없어도 전파 망원경을 이용해 '준성(퀘이사)'이라는 강한 전파를 방출하는 천체를 관측할 수 있게 된 것이다.

또 한 가지, 공간의 곡률을 측정한 실험을 '레이더 에코 관측'이라고 한다. 레이더로 전파를 방출해 태양 너머의 금성에 부딪혀 되돌아오는 시간을 측정했다. 처음에는 금성이었지만 그 후 매리너나 바이킹과 같은 인공행성이 지구에서 볼 때 태양 너머에 위치할 때 레이더 신호를 보내 되돌아오는 시간을 측정하게 되었다.

신호가 되돌아오는 거리를 빛의 속도로 나누면 시간을 알 수 있다. 그런데 실제 측정 결과, 더 많은 시간이 걸렸다. 약 이백수십 마이크로초 차이였다. 그것은 태양의 중력에 의해 공간이 휘어졌기 때문이다. 공간이 휘어지면서 빛이 되돌아오는 데 더 많은 시간이 걸린 것이다. 이 효과는 1968년 최초로 확인된 이후 점점 더 정밀하게 측정할 수 있게 되었다. 이것은 모두 공간이 휘어진다는 일반 상대성 이론의 예언을 입증하는 관측 결과였다.

천체의 운동 측정

행성의 운동에 대한 상대성 이론의 효과도 관측되었다. 행성의 운동에는 두 가지 효과가 겹쳐진다. 첫 번째는 빠른 속도에 의한 상대론적 효과이다. 두 번째는 중력에 의

한 효과이다. 이 두 가지 효과가 겹치면서 상대성 이론의 효과가 나타난다.

아인슈타인이 처음 주목한 것은 타원 운동을 하는 행성의 궤도가 조금씩 이동하는 '근일점 이동' 현상이었다. 이 현상이 가장 뚜렷이 나타나는 것은 수성이다. 일찍이 19세기 이후 천문학자들의 분석으로 측정된 효과였다. 아인슈타인은 그 효과를 일반 상대성 이론으로 설명하고 최초로 실험을 통해 검증했다.

쌍성 펄서

1974년 일반 상대성 이론의 효과를 검증하는 데 있어 굉장히 흥미로운 천체가 발견되었다. 바로 쌍성 펄서였다. 펄서는 초고속으로 자전하는 중성자별이다. 빠른 경우 100분의 1초에 한 바퀴 자전한다. 태양과 질량이 비슷한 별이 100분의 1초로 자전하는 것이다. 질량은 태양과 비슷하지만 반지름은 10km 정도로 밀도가 굉장히 높은 상태이다. 그런 펄서와 또 하나의 천체가 서로 공전하는 쌍성 펄서가 발견되었다.

이 쌍성 펄서의 공전 주기는 8시간이다. 지구의 공전 주기가 1년인 것을 생각하면 매우 빠른 속도이다. 공전 궤도의 반지름은 태양의 반지름과 비슷하다. 지구는 태양 반지름의 수백 배나 멀리 돌기 때문에 이 쌍성 펄서가 얼마나 강한 중력에 의해 운동하고 있는지 알 수 있다.

쌍성 펄서의 관측으로 세 가지 일반 상대성 이론의 효과가 입증되었다.

첫 번째는 수성의 근일점 이동과 같은 현상이 확인되었다. 타원 운동을 하는 쌍성 펄서의 궤도가 1년간 4°나 바뀌었다. 수성의 근일점 이동은 100년간 고작 43초였다. 그런데 불과 1년간 4°나 바뀌는 엄청난 회전 속도이다. 상대성 이론의 예측과 정확히 일치했다.

두 번째는 쌍성 펄서의 신호가 다른 한쪽의 중성자별 옆을 지날 때 공간의 곡률 때문에 더 많은 시간이 걸리는 것을 확인했다.

세 번째는 1978년에 검출된 매우 중요한 발견이다. '중력파'를 방출함으로써 공전 주기가 서서히 바뀌는 효과이다. 8시간이었던 공전 주기가 1년에 1만분의 1초가량 빨라진 것을 검출했다. 아주 작은 변화 같지만 달리 생각하면 1년간 1만분의 1초라는 것은 아주 큰 효과이다. 이런 비율로 계속 바뀐다면, 대략 30억 년 사이에 궤도의 주기가 반감된다. 결국 쌍성 펄서는 중력파에 의해 합쳐질 것이라는 뜻이다. 그런 의미에서 굉장히 큰 효과이다.

태양 주위를 공전하는 지구도 중력파를 방출하면서 주기가 바뀐다. 지구의 경우, 중력파로 주기가 반감되는 시간은 대략 10^{23}년으로 매우 긴 시간이 걸린다.

중력파 검출

'중력파'는 질량을 가진 물체가 운동할 때 항상 방출된다. 전기를 띤 물체가 가속 운동을 하면 전파가 방출되는 것과 마찬가지이다. 전파나 빛이 전기를 띤 물체의 급격한 운동에 의해 발생하듯, 물체가 급격한 운동을 하면 중력파가 방출된다. 하지만 중력파를 관측하기란 쉽지 않다. 중력파가 먼 우주에서 들어온다고 해도 좀처럼 포착하기 힘들다.

지금도 세계 각지에서는 우주에서 들어오는 중력파를 관측하려는 시도가 계속되고 있다. 전 세계에 10여 개 그

룹이 있는 것으로 알려져 있다. 나중에 이야기하겠지만 수명을 다한 별이 중력 붕괴를 하거나 은하계의 중심핵에서 폭발이 일어날 때처럼 질량이 급변하는 상황에서는 중력이 요동치면서 매우 강한 중력파가 방출될 것이라고 생각했다. 우주의 폭발적 현상으로 발생한 중력파가 지상을 통과하면서 단시간에 새로운 중력을 만든다. 중력파가 도달하면 질량을 가진 물체가 흔들릴 것이다.

전파가 안테나를 통과할 때 안테나 안의 전기를 띤 입자가 진동하는 것과 마찬가지이다. 중력파가 통과하면 질량을 가진 물체는 움직인다. 그 움직임으로 중력파가 통과한 것을 확인하려는 시도이다.

우리는 매순간 중력을 느낀다. 중력을 꽤 크고 강한 힘이라고 생각하기 쉽지만 지구라는 거대한 물질 전체가 중력을 만들고 있기 때문에 강한 것이다. 1g의 물체가 만들어내는 중력과 전자 1g에서 발생하는 전기의 힘은 비교도 되지 않는다. 전기의 힘이 40자릿수나 더 크다. 10^{40} 배나 큰 것이다. 평소 전기의 강력한 힘을 느끼지 못하는 것은 전기는 반드시 음극과 양극이 함께 있으며, 대개의 물질은 전기를 띠지 않기 때문이다. 그렇기 때문에 우리는 중력

중력파 검출 장치(메릴랜드대학교)

만을 느끼는 것이다. 사실 중력은 아주 약한 힘이다. 그렇기 때문에 에너지가 큰 중력파가 들어와도 그것을 포착하기가 어려운 것이다.

현재 시도되고 있는 것은 중력파가 통과할 때 중력파 안테나가 미세하게 움직이는 순간을 포착하는 방법이다. 중력파 안테나는 커다란 알루미늄 원통으로 돼 있으며, 중력파가 통과하면 진동을 시작한다. 이 진동으로 생기는 미약한 전류를 측정하는 방식이다. 진동은 1m 정도의 커다란 알루미늄 원통에서 고작 10^{-15}㎝ 정도이다. 그렇게 작은 진폭으로 진동하는 중력파를 검출하는 것이다. 소립자의 크기보다 작은 미세한 진동이다. 현재는 그런 미세한 진동까지 포착할 수 있을 만큼 기술이 발달했지만 아직 중력파에 의한 진동을 검출해내지는 못했다. 중력파 검출에 성공한다면 일반 상대성 이론의 또 다른 중요한 발견이 될 것이다.

제7장
상대성 이론과 우주

백색왜성

정밀한 실험과 관측으로 중력의 일반 상대성 이론의 효과를 검출하는 방법을 살펴보았다. 대개 아주 미미한 효과가 나타날 뿐이었다. 하지만 우주에는 일반 상대성 이론의 효과가 더 분명하게 본질적인 역할을 하는 현상이 존재한다.

일반 상대성 이론은 중성자별과 블랙홀을 비롯한 천체의 현상을 설명하는 데 꼭 필요한 이론이다. 여기서부터는 이런 문제를 살펴보자.

중성자별이나 블랙홀 주변에는 강한 중력이 발생한다고 보았다. 왜 그런 별에서는 강한 중력이 발생하는지를 먼저 살펴보자. 밤하늘에 보이는 별은 대부분 태양과 같은 항성이다. 거대한 가스 덩어리로 표면 온도는 수천 도에 달하며 중심은 1,000만 도, 1억 도라는 엄청난 고온 상태의 가스체이다. 중심이 매우 뜨겁기 때문에 압력이 높아지고, 그 압력으로 별이 중력에 의해 수축하는 것을 지탱한다. 말하자면 압력과 중력이 균형을 이루는 것이다. 내부의 열로 별이 유지된다.

이 점은 지구나 달 혹은 목성처럼 고체로 이뤄진 천체와 근본적으로 다르다. 고체로 이뤄진 천체가 붕괴하지 않는 것은 내부의 온도가 뜨겁기 때문이 아니다. 고체의 강도로 천체의 중력을 버티는 것이다.

그런데 고체의 강도에는 한계가 있다. 실제 지구보다 300배 이상 무거운 커다란 행성인 목성은 중력이 매우 강하기 때문에 중심부의 고체는 강하게 압축돼 있다.

고체는 원자가 빽빽하게 뭉쳐 있는 상태이다. 고체가 압축된다는 것은 원자가 압축되는 것이다. 실제로는 압축된다기보다 원자가 포개지는 상태이다.

원자가 포개진다는 게 무슨 말일까. 그것을 이해하려면 원자의 구조를 떠올릴 필요가 있다. 원자의 내부를 들여다보면 전자가 원자핵 주변을 돌고 있다. 이 전자가 운동하는 영역의 크기가 거의 원자의 크기를 결정한다. 원자와 원자 사이가 충분한 간격을 두고 존재하는 경우에는 각각의 원자의 영역이 분명하지만, 원자가 극도로 압축되면 전자는 원자에 속한 성질을 잃고 자유롭게 풀려난다.

목성보다 훨씬 무거운 고체로 된 별의 경우, 중심부의 원자가 완전히 압축돼 흔적도 남지 않을 것이라고 여겨진다. 그리고 별의 중력을 버티는 것은 자유롭게 풀려난 전자의 압력이다.

전자가 운동하는 것은 '양자역학의 효과'이다. 양자역학의 원리에 따르면 입자는 좁은 장소에 갇히면 격렬히 움직이는 성질이 있다. 강한 압축으로 물질의 밀도가 높아진다는 것은 각각의 전자가 차지하는 영역이 점점 좁아진다는 것이다. 그러면 전자는 더욱 격렬히 움직여 압력을 높인다. 그렇기 때문에 질량이 큰 천체도 중심부가 압축되면 압력도 커져 강한 중력에 버틸 수 있는 것이다.

19세기 중반, 질량은 태양과 비슷하지만 반지름은 태양의 100분의 1가량인 별이 발견되었다. '백색왜성'이라고 불리는 별이다. 백색왜성은 그 후로도 다수 발견되었다. 질량은 태양과 비슷하지만 반지름이 태양의 100분의 1이라는 것은 밀도가 매우 높다는 것이다. 1㎤의 부피가 무려 1톤이나 된다. 이런 고밀도 상태의 물질에서는 이미 원자가 극도로 압축돼 자유롭게 풀려난 전자가 격렬히 움직이는 상태이다. 이른바 양자역학적 압력에 의해 백색왜성이 유지되는 것이다. 1925년 양자역학이 완성된 지 얼마 지나지 않아 이런 백색왜성의 정체가 밝혀졌다.

별의 종말

백색왜성 이론을 깊이 고찰하면 중요한 것을 깨닫는다. 밀도가 높아지면 압력도 강해진다. 질량이 일정한 상태에서 밀도가 높아지면 반지름이 작아진다. 일정 물질이 더 작은 부피로 압축되는 것이므로 중력은 매우 강해진다. 그러면 압력이 커지는 효과와 중력이 강해지는 두 효과가 경쟁하게 된다.

질량이 큰 별은 중력이 강하기 때문에 물질의 밀도가 높아지면서 강한 중력에 버틴다. 질량이 더 크면 밀도도 더 높기 때문에 압력도 커지면서 중력을 지탱한다. 하지만 밀도가 높고 압력이 증가하면 반지름도 작아져 중력은 점점 더 강해진다.

이처럼 일정 질량 이상이 되면 '중력을 압력으로 지탱할 수 없게 된다'는 결론이 나온다. 결국 어떤 한계 질량이 있고 그보다 질량이 크면 버티지 못한다는 것이다. 이런 한계 질량을 '찬드라세카르 한계 질량'이라고 한다. 미국의 천체물리학자 수브라마니안 찬드라세카르가 발견했다. 태양 질량의 약 1.44배이다. 이 한계 질량보다 무거운 별은 내부의 온도가 0도가 되면 중력에 버틸 수 없다. 물론 목성이나 지구는 이 한계 질량보다 훨씬 작기 때문에 0도에서도 안정적으로 존재할 수 있는 것이다.

이 결론은 매우 큰 의미를 갖는다. 이 한계 질량보다 무거운 별이 무수히 많기 때문이다. 태양 질량의 30배나 되는 별도 있다. 그런 별들이 지금은 태양처럼 중심이 뜨겁기 때문에 크게 팽창하며 평형을 유지하고 있지만, 그런 상태가 영원히 계속될 수는 없다. 별 표면에서는 끊임없이 에너지가 방출된다. 그만큼 중심부에서 에너지를 만들어내지 않으면 별은 금세 차갑게 식고 말 것이다.

별의 에너지를 공급하는 것이 무엇인지 오랜 시간 풀리지 않는 수수께끼였다. 1930년대가 되어서야 원자핵 융합 반응에 의해 에너지가 공급된다는 것을 발견했다.

이 발견으로 별의 에너지가 공급되는 기간도 추정할 수 있게 되었다. 예를 들어 태양과 비슷한 별은 약 100억 년 동안 에너지를 공급할 수 있다. 태양은 이미 50억 년 정도가 지난 것으로 알려졌다. 일생의 중간쯤에 해당한다.

질량이 큰 별은 굉장히 밝은 빛을 내며 수명이 짧은 것으로 알려졌다. 예컨대 태양보다 20배나 무거운 별의 수명, 즉 에너지를 공급할 수 있는 기간은 100만 년 정도이다. 에너지를 공급할 수 있는 기간, 이른바 별의 내부를 뜨겁게 유지할 수 있는 기간은 질량이 큰 별일수록 짧다. 물론 100만 년이라는 기간은 충분히 길지만 지구나 태양계의 나이가 50억 년가량인 것을 생각하면 100만 년은 아주 짧은 기간이다. 그렇기 때문에 태양이 태어난 이후에 생긴 별이라도 무거운 것은 이미 에너지를 전부 소진하고 생을 마친다. 에너지 공급이 끝났다는 의미에서 '별의 종말'이라고 부른다.

종말을 맞은 별이 과연 어떤 모습으로 우주에 존재하는지가 문제로 떠올랐다. 에너지 공급이 끝나면 별의 내부는 차갑게 식는다. 열 압력이 줄어들기 때문에 별은 중력에 의해 수축한다. 결국에는 0도까지 차갑게 식는다. 차갑게 식은 별의 모습을 추측하는 데 앞에서 나온 결론이 큰 역할을 했다. 만약 생을 마친 별이 찬드라세카르 질량보다 크다면 중력을 이기지 못하고 끝없이 수축할 것이다.

중성자별과 블랙홀

실제로는 밀도가 높아지면 전자가 양자에 흡수돼 별 내

부의 물질은 대부분 중성자로 바뀐다. 그러면 중성자로 이뤄진 '중성자별'이 된다. 중성자별 역시 중성자의 양자역학적 압력으로 유지된다.

하지만 중성자별에도 한계 질량이 있다. 일정 질량 이상이면 평형을 유지할 수 없는 질량이 있는 것이다. 중성자별의 한계 질량은 태양 질량의 2배보다는 작은 것으로 알려졌다. 따라서 태양보다 수 배 무거운 별이 일생을 마친 후에는 모두 끝없이 수축한다. 이것을 별의 '중력 붕괴'라고 한다. 그 결과 만들어지는 것을 블랙홀이라고 한다.

중성자별은 반지름이 태양의 10만분의 1정도로 작다. 반지름이 10km 정도로 작아진다. 태양과 비슷한 질량이 10km까지 수축하는 만큼 밀도가 매우 높다. 1㎤의 부피가 10억 톤에 달한다. 더욱 놀라운 것은 별 표면의 강한 중력이다. 표면에서의 탈출 속도, 즉 중력권을 벗어나기 위해 필요한 속도는 광속의 10분의 1정도이다. 지구의 중력권을 벗어나는 로켓의 탈출 속도는 초속 11km로, 광속의 3만분의 1정도이다. 중성자별의 표면 중력이 얼마나 강한지 알 수 있다.

그럼에도 중성자별은 평형을 유지하고 있다. 하지만 블

랙홀은 끝없이 수축하기 때문에 유한한 크기를 유지하지 못하고 끝내 한 점으로 수축하고 만다. 이렇게 한 점으로 수축한 물체는 외부에서는 보이지 않는다는 것이 일반 상대성 이론의 결론이다.

완전한 구형의 별을 떠올린 후 그 반지름이 점점 작아지는 과정을 생각해보자. 태양과 비슷한 질량이라면, 반지름이 3km보다 작아지면 별 표면에서 방출된 빛은 더는 밖으로 빠져나올 수 없다는 결론이 된다. 빛이 빠져나올 수 없는 한계 반지름은 질량에 비례한다. 태양보다 10배 무거운 별의 경우에는 반지름 30km의 구면이 된다. 그런 구면에 이르면 별 표면에서 방출된 빛은 밖으로 빠져나올 수 없다.

빛조차 탈출할 수 없다

빛의 속도는 모든 물체의 최고 속도이기 때문에 빛조차 빠져나올 수 없다면 당연히 다른 어떤 물체도 탈출할 수 없다. 어떤 신호도 빠져나올 수 없다는 의미이다. 한번 들어가면 어떤 것도 빠져나올 수 없는 그런 표면을 블랙홀이라고 한다. 이 표면을 통해서는 물체든 빛이든 얼마든지 안으로 들어갈 수 있다. 안으로 들어갈 수는 있어도 밖으로 나올 수는 없는, 일방통행만 가능한 표면이다.

이런 표면을 '지평면' 혹은 '지평선의 면'이라고 부른다. 지평선 너머로 가면 눈에 보이지 않게 되는 것처럼 말이다. 지평면이라고는 하지만 한번 들어가면 탈출할 수 없는 영역의 한계일 뿐 아무것도 없는 진공이다. 이 지평면 내부로 들어가도 역시 아무것도 없다.

얼핏 생각하면 중력이 굉장히 강해서 탈출하지 못하는 것이라고 이해하기 쉽다. 가령 지구에서 로켓이 중력권을 탈출하려면 초속 11km 이상의 속도가 필요하다. 지구의 질량은 그대로인 채 반지름이 작아지면 반지름의 제곱근에 반비례해 탈출 속도는 더욱 커진다. 지구의 질량은 그대로인 채 탈출 속도가 광속과 같아지는 반지름은 0.9cm, 불과 9mm이다.

지구의 크기가 9mm보다 작아지면 블랙홀이 된다. 작으면 작을수록 탈출 속도는 더 커지기 때문에 결국 빛도 탈출할 수 없게 된다는 해석이 당연하게 들린다.

그런데 여기에는 중대한 오류가 있다. 탈출 속도라고

하면 부피를 가진 물체의 속도를 생각한다. 물체를 위로 던지면 점점 속도가 느려지다 어떤 한 지점에서 일단 멈췄다가 아래로 떨어진다.

하지만 빛은 위로 갈수록 속도가 느려지지 않는다. 빛의 속도는 항상 일정하다는 것이 상대성 이론의 철칙이다. 그렇기 때문에 빛이 탈출할 수 없다는 말은 잘 이해가 되지 않는다. 빛은 항상 일정한 속도로 진행하기 때문에 당연히 빠져나올 수 있으리라고 생각한다.

그럼에도 불구하고 일반 상대성 이론은 빛조차 탈출할 수 없는 지평면이 생긴다는 결론을 도출했다.

빛의 속도와 에스컬레이터

빛의 속도는 일정하다. 그런데 무엇에 대해 일정한지가 중요하다. 일반 상대성 이론의 기본적인 생각은 중력과 가속 운동에 의해 발생하는 관성력은 같다는 것이다. 앞서 살펴본, 줄이 끊어진 엘리베이터 안에서는 중력이 사라지고 무중력 상태가 된다고 설명했다. 중력을 없앨 수 있는 것이다. 중력이 사라진 좌표계에 대해 빛의 속도는 일정하게 진행한다. 이것이 중요하다.

빛조차 탈출할 수 없는 좌표계에서는 강한 중력을 느낀다. 그런 좌표계에 대해 빛은 빛의 속도로 진행하지 않는다.

그렇다면 지평면의 무중력 좌표계에서 빛은 어떤 속도로 진행할까. 중력이 약한 먼 곳에서 지켜보는 사람의 눈에는 빛의 속도로 중심을 향해 낙하하는 것으로 보인다. 중심을 향해 낙하하는 좌표계상에서 반대 방향으로 같은 속도로 진행하면 빛은 정지한 것처럼 보인다.

이번에는 엘리베이터 대신 에스컬레이터로 생각해보자. 아래로 내려가고 있는 에스컬레이터가 있다. 이 에스컬레이터의 계단을 반대 방향으로 올라가는 사람을 상상해보자. 이 사람이 에스컬레이터를 어떤 속도로 올라가든 에스컬레이터가 빠르면 그는 점점 아래로 내려갈 것이다. 에스컬레이터 계단을 올라가고 있지만 아래로 내려가는 것이다. 그가 에스컬레이터가 아래로 내려가는 속도와 같은 속도로 올라간다면 멀리서 보는 사람의 눈에는 그가 멈춰 있는 것처럼 보인다. 열심히 위로 올라가고 있지만 멀리서 보기에는 멈춰 있는 것처럼 보인다. 빛이 지평면을

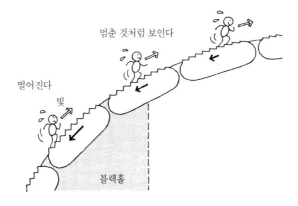

멈춘 것처럼 보인다

떨어진다

빛

블랙홀

탈출할 수 없는 것도 마찬가지이다.

중력이 사라진 좌표계는 지평면에서 빛의 속도로 중심을 향해 낙하한다. 낙하하고 있는 좌표계에 대해 빛의 속도로 위로 올라가면 에스컬레이터를 거꾸로 올라가는 사람과 마찬가지로 빛은 멈춰 있는 것처럼 보인다. 그리고 지평면 내부의 무중력 좌표계는 더욱 빠른 속도로 낙하하기 때문에 빛의 속도라는 한정된 속도로 아무리 올라가도 계속해서 중심을 향해 낙하하게 된다.

이렇게 빛의 속도는 일정하지만 어떤 좌표계에 대해 일정한지를 생각하면 빛조차 탈출할 수 없는 한계의 면이 생긴다는 것을 이해할 수 있다. 이것이 블랙홀에서는 빛조차 탈출할 수 없는 이유이다.

블랙홀 발견

블랙홀은 비교적 무거운 별, 이를테면 태양보다 10배 이상 무거운 별의 종말로 만들어진다. 아마도 태양의 최후는 백색왜성이 되어 차갑게 식어버린 고밀도의 별이 될 것이다. 태양보다 조금 더 무거운 별은 중성자별이 된다.

1967년 펄서가 관측되면서 중성자별의 존재가 밝혀졌다. 펄서는 매우 빠른 속도로 자전하는 중성자별이다. 중성자별은 표면의 어떤 영역에서 전파를 방출한다. 중성자별이 매우 빠른 속도로 회전하고 있기 때문에 전파가 보였다 안 보였다 하면서 펄스 형태의 전파가 관측되는 것이다. 펄스의 주기는 회전의 주기가 된다.

펄서에서 방출된 전파 펄스의 주기는 1초 정도가 많지만 간혹 100분의 1초의 짧은 펄서도 있다. 1초도 되지 않은 짧은 주기로 회전해도 원심력에 의해 튕겨나가지 않는 별은 중성자별 말고는 생각할 수 없다. 태양처럼 크게 팽창한 별이 1초의 주기로 회전한다면 순식간에 우주로 흩어지고 말 것이다. 그렇기 때문에 펄서의 정체는 중성자별과 같은 아주 고밀도로 뭉쳐진 별이라고밖에 생각할 수 없다. 펄서의 발견으로 중성자별의 존재가 밝혀진 것이다.

블랙홀은 그 자체를 관측할 수 없다. 하지만 물질이 블랙홀로 빨려 들어가기 직전에 방출되는 방사선을 확인하면 그 주변에 블랙홀이 존재한다는 것을 알 수 있다. 1970년에는 X선 천문학이 블랙홀로 의심되는 후보를 발견했다. 강한 X선을 방출하는 천체를 조사하던 중 대부분 X선을 방출하는 중성자별과 일반적인 별이 쌍성계를 이루고 있는 것을 발견했다. 일반적인 별 표면의 가스가 중성자별의 중력에 의해 중성자별로 낙하하는 과정에서 뜨겁게 가열된 가스가 X선을 방출하는 것이다. 그런 X선 천체가 다수 발견되었다.

그런데 그런 X선 천체 중 하나인 백조자리에 위치한 X선 별은 다른 X선 별과 여러모로 달랐다. 먼저, 펄스 형태의 X선을 방출하지 않는다. 또 가스를 끌어당기는 별의 무게가 중성자별의 한계 질량을 훨씬 뛰어넘는 것이었다. 중성자별의 한계 질량은 크게 잡아도 태양 질량의 2배인

데 백조좌에 위치한 X선 별의 경우에는 태양 질량의 10배 가량 무겁다. 그런 이유로 중성자별이 아닌 블랙홀일 것이라고 추정했다.

X선 별은 그 후에도 다수 발견됐지만 대부분 중성자별이었다. 블랙홀의 후보는 아직 많지 않은 상태이다.

이론상으로 우리 은하 안에는 별의 종말로 생긴 블랙홀이 다수 존재할 것이다. 빛으로 관측되는 별의 1만분의 1 혹은 10만분의 1가량의 블랙홀이 있을 것이라고 한다. 우리 은하계만 해도 수백만 개의 블랙홀이 존재하는 것이다. 하지만 우리가 볼 수 있는 블랙홀은 한정돼 있다. 거기에는 두 가지 이유가 있다. 첫 번째는 쌍성계를 이루고 있어야 한다는 것이다. 두 번째는 관측할 수 있는 기간이 짧다는 것이다. X선을 방출하는 기간은 1만 년 혹은 수십만 년 정도이다. 그렇기 때문에 관측 가능한 블랙홀의 수는 더욱 적어진다.

블랙홀은 별의 종말뿐 아니라 은하계가 형성될 때에도 만들어질 수 있다고 생각된다. 실제 은하계의 중심에는 태양 질량의 100만 배 내지는 1억 배나 무거운 블랙홀이 존재할 것으로 추정된다. 태양보다 1억 배 무거운 블랙홀은 지평면의 반지름이 태양 주위를 도는 지구의 공전 궤도와 비슷한 크기이다.

이 거대 블랙홀 근처를 지나는 빛은 크게 휘어진다. 중력이 강한 공간은 렌즈와 같은 역할을 하게 된다. 이를 '중력 렌즈 효과'라고 한다.

최근에는 거대 블랙홀의 중력 렌즈 효과로 말미암아 하나의 준성이 두 개의 상으로 보이는 천체가 발견되었다. 만약 이 사실이 확인된다면 또 한 번 상대성 이론의 효과를 증명하는 새로운 현상이 발견되는 것이다.

블랙홀의 존재는 특수 상대성 이론을 포함해 상대성 이론으로 도출한 중요한 결론 중 하나로, 아인슈타인의 상대성 이론의 예언이 적중한 중요한 증거가 될 것이다.

팽창하는 공간

1920년대 말, 허블이라는 천문학자는 우주의 은하계는 우리로부터 점점 멀어지고 있다는, 즉 은하계 사이의 거리가 점점 늘어나고 있다는 사실을 발견했다. 그리고 그 후 퇴 속도가 거리에 비례한다는 '허블의 법칙'을 발견했다.

이 발견에 따르면 우리의 우주는 '팽창 우주'라는 것이다. 시간이 지날수록 은하계 사이의 거리가 점점 멀어지기 때문이다.

허블의 법칙은 다음과 같은 실험으로 쉽게 이해할 수 있다. 고무줄을 하나 준비해 3cm 간격으로 '표시'를 한 후 0, 1, 2, 3과 같이 번호를 매긴다. 그리고 그 고무줄을 늘여보자. 그 결과, 고무줄의 0에서 1까지 1cm가 늘어났다고 하자. 그러면 2는 원래 위치에서 1cm 늘어난 것이 아니라 2cm가 늘어난다. 이 점이 매우 중요하다. 3은 3cm 늘어난다. 1cm가 아니다. 이렇게 0에서 멀리 떨어진 장소는 그 거리에 비례해 더 많은 거리를 움직인다. 그 말은 어떤 정해진 시간에 그만큼의 거리를 움직였기 때문에 속도는 거리에 비례하게 된다.

팽창 우주의 '팽창'이란 이 고무줄이 늘어나는 것과 같다. 은하계는 고무줄에 표시된 숫자라고 생각하면 된다. 중요한 것은 고무줄에 대해 숫자는 정지해 있다는 것이다. 그리고 고무줄과 함께 늘어난다. 팽창 우주의 경우에는 공간에 은하계를 고정하고 그 공간이 늘어난다고 생각하면 된다. 이 공간이 고무줄에 해당한다. 그리고 공간이 변동하는 상태나 방식을 일반 상대성 이론으로 기술하는 것이다. 시간이 흐를수록 공간의 구조는 바뀐다.

일반 상대성 이론에 따르면 물질이 존재하는 공간은 일반적으로 휘어진 공간이다. 그리고 어떤 경우에는 우주 공간 전체가 유한한 크기를 가진 휘어진 공간이 된다. 어디나 비슷하게 휘어진 공간이다. 정해진 한 방향으로 계속 진행하면 반대 방향에서 제자리로 돌아올 가능성도 있다. 완전히 닫힌 공간이다. 지구 표면과 같은 2차원의 공간도 닫힌 공간이지만, 지금 이야기하는 것은 3차원의 닫힌 공간이다. 닫힌 공간의 경우에는 분명한 공간의 크기가 있다. 이 크기가 시간적으로 커지고 있는 것이 팽창 우주이다.

우주의 공간은 닫힌 공간이 아니라 무한대일 가능성도 있다. 그런 공간을 열린 공간이라고 한다. 열린 공간, 이른바 무한 우주의 경우에도 공간을 특징짓는 길이가 있다. 그 길이에 필적할 만큼 커다란 공간을 떠올리면 휘어진 공간의 효과가 분명해진다. 예컨대 지구의 표면은 휘어진 2차원의 면이지만, 아주 넓은 영역에서 봐야만 비로소 구면이라는 것을 알 수 있기 때문에 작은 영역에서 보

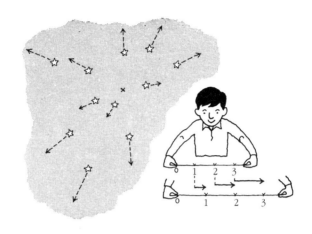

면 대개 평면으로 보이는 것과 비슷하다. 이처럼 열린 공간의 경우에도 공간을 특징짓는 길이가 있으며, 이 길이가 시간적으로 커지고 있는 것이 팽창 우주이다.

팽창 우주의 '팽창'은 어디까지나 '공간이 커지는 것'이지 물질이 공간 안을 퍼져나가는 것이 아니다. 물질은 공간에 대해 멈춰 있고, 공간이 변동한다고 이해하는 것이 정확하다.

우리는 공간이라고 하면 물질이 존재하는 장소라고 생각하기 쉽다. 그런데 일반 상대성 이론에서는 물질에 의해 공간의 성질이 변한다. 여기서 말하는 팽창 우주의 공간이란 물질이 균일하게 존재하는 공간이다. 공간의 어느 부분에는 물질이 존재하고 다른 부분에는 존재하지 않는 공간이 아니다.

팽창 우주를 폭발에 의해 팽창하고 있는 거대한 가스 공처럼 착각해서는 안 된다. 그런 가스 공의 내부를 '우주'라고 생각하면 '우주'에는 중심과 외부의 구별이 생긴다. 그것은 관측 사실과도 어긋나기 때문에 우주 모델이 될 수 없다.

팽창하는 가스 공과 팽창 우주는 전혀 다르다. 전자의 경우에는 일반 상대성 이론이나 공간의 변화와 같은 사고 방식이 필요 없다. 불변하는 공간에서 단순히 가스가 움직인다는 견해이기 때문이다.

팽창 우주에 대한 올바른 관점은 변화하는 공간 안에 물질이 정지해 있다는 것이다. 팽창 우주는 일반 상대성 이론이 도입한 공간 자체의 변화라는 관점에서 바라봐야 한다.

초기 우주

허블의 시대에는 지금보다 불과 0.1%가량 작았던 시대부터 현대까지 팽창해온 것을 확인했을 뿐이다. 현재의 크기를 1이라고 하면 0.999의 크기가 1이 된 것을 확인한 것이다.

1965년 '우주의 흑체 복사'가 발견되었다. 그 결과, 우주가 적어도 현재보다 1,000분의 1 정도로 작았던 시대가 있었다는 것을 알게 되었다. 그때부터 오늘날까지 팽창했다는 것을 확인한 것이다. 현재의 크기를 1이라고 하면 0.001의 크기였던 시대가 있었다는 것이다.

이런 추론이 가능한 이유가 있다. 현재의 우주는 매우 투명한 상태이다. 아주 먼 곳의 은하계까지 보인다는 것은 물질이 가득함에도 매우 희박하고 투명하다는 것이다. 그런데 팽창 우주는 과거로 거슬러 올라갈수록 점점 밀도가 높아진다. 따라서 충분히 수축한 단계의 우주는 불투명했을 것이다. 그렇게 밀도가 높은 우주에서는 빛이 직진하지 못하고 물질에 흡수되는 불투명한 상태였을 것이다.

1965년에 발견된 우주의 흑체 복사는 우주의 모든 방향에서 들어오는 마이크로파를 관측한 것이다. 흑체 복사가 존재한다는 것은 우주가 과거에는 완전히 불투명한 상태였다는 증거이다. 물체는 밀도가 충분히 높고 불투명할 때 온도만으로 성질이 결정되는 복사, 즉 흑체 복사를 한다. 우주 초기에도 그런 복사 현상이 존재했다고 생각된다. 그 복사의 잔광이 발견된 것이다.

이렇게 우주의 과거로 거슬러 올라가 우주가 팽창하고 있다는 사실을 확인했다.

일반 상대성 이론에 따르면, 우주는 밀도가 거의 무한대인 상태에서 계속 팽창하면서 지금의 투명한 우주가 되었다는 이론적 결론이 도출됐다. 그 이론을 바탕으로 현재에 비해 1,000분의 1로 줄어든 상태보다 훨씬 더 밀도가 높았던 과거가 존재했다는 증거를 찾는 연구가 진행되고 있다.

우주가 현재보다 1억분의 1 정도로 작았던 시대가 있었다는 거의 확실한 증거가 있다. 우주는 고온, 고밀도의 상태에서 태양의 내부와 같은 핵융합 반응이 일어나 원자핵이 형성된 시대가 있었다. 그 시대에 중수소나 헬륨과 같은 원소가 만들어졌다고 보인다. 어느 정도의 원소가 만들어졌는지를 계산해 현재 이 원소들의 관측 값을 비교했더니 아주 잘 맞았다. 그런 이유로 1억분의 1 정도로 작았던 시대가 존재했다는 예측이 거의 확실시되었다.

일반 상대성 이론에 기반을 둔 팽창 우주 이론에 따르면, 팽창이 시작된 이후의 시간은 유한하다. 원소가 만들어진 시대는 팽창이 시작된 지 약 3분이 흐른 시기이다. 그리고 불투명했던 우주가 투명해진 것은 팽창이 시작된 지 10만 년이 지난 후였다. 현재는 팽창이 시작된 지 150억 년 내지는 160억 년으로 추정된다.

현재까지 관측된 가장 먼 천체는 준성이다. 가장 멀다는 것은 동시에 가장 오래된 천체라는 것이다. 이 준성은 우주가 지금보다 4분의 1 정도로 작았던 시대의 천체로 알려졌다. 준성이 존재했던 시기는 팽창이 시작된 지 10억 년경이라고 생각된다. 은하계를 포함한 모든 천체가 만들어진 것은 우주가 투명해진 이후부터였다고 한다. 그 이전에는 균일한 광자 가스로 가득 차 있었기 때문에 빛의 압력으로 물질이 수축하면서 천체가 형성되지 못했을 것이다. 천체가 존재하지 않았던 텅 빈 우주였던 것이다.

최근의 연구

최근 화제가 되고 있는 몇 가지가 있다. 첫 번째는 우주가 탄생한 이후 1초의 시대를 확인할 수 있는가라는 점이다. 뉴트리노라는 소립자가 우주가 지금보다 100억분의 1 가량으로 작았던 시대에 우주의 모든 물질과 상호 작용을 했을 것이라고 추측했다. 이 뉴트리노가 현존하는 증거를 찾아내는 것이다. 최근 뉴트리노가 극히 미량이기는 하지만 질량을 가지고 있다는 실험 결과가 나왔다. 만약 뉴트리노가 질량을 가지고 있다면, 그 질량이 은하계나 은하계 집단 등의 중력의 원천이 아닐까 생각된다.

지금까지 가장 가벼운 소립자는 전자였지만, 뉴트리노의 질량은 전자의 10만분의 1이나 작을지 모른다. 질량은 작지만 그 수는 굉장히 많다. 일반적인 물질을 구성하는 양자나 중성자의 수에 비해 약 10억 배나 많다. 그렇기 때문에 아주 작은 질량이라도 엄청난 중력의 원천이 될 수 있다고 생각한 것이다.

두 번째는 우주의 바리온 수에 대한 설명이다. 달리 말하면 우주에 반물질이 존재하지 않는 이유에 대한 설명이다. 이 문제는 우주가 지금보다 10^{-28}가량으로 작았을 시대의 증거로 여겨진다. 현재 우주에 반물질이 존재하지 않는 원인이 그 시대에 있다고 보았다.

우주가 지금보다 10^{-28}가량으로 작았다는 것은 현재 보이는 백수십억 광년에 이르는 광대한 공간이 불과 1cm였던 시대이다. 백수십억 광년의 우주가 고작 1cm 정도로 작았던 시대, 그런 시대가 진짜 있었을 것으로 생각된다. 그 시대까지 거슬러 올라가지 않으면 지금의 우주에 반물질이 존재하지 않는 이유를 설명할 수 없는 것이다.

또 우주가 1cm 정도였던 무렵과 그 전 시대에는 진공의 성질이 크게 달랐을 것이라고 생각했다. 그 무렵 진공의 성질이 바뀌는 현상이 일어났을 것으로 보인다. 진공의 성질이 바뀌면서 우주가 격렬한 팽창을 시작한 것이 아닐까 생각한 것이다.

이처럼 우주 초기에 관한 연구는 최근의 소립자 물리학 연구의 진전과 함께 활발한 연구 분야가 되었다.

일반 상대성 이론의 입장에서 보면, 아주 작은 공간이 큰 공간으로 변화한다는 이론이 잇따라 검증되고 있는 것이다.

다만 안타까운 것은 일반 상대성 이론은 현재의 우주가

팽창하는 이유를 명쾌히 설명하지 못한다. 하지만 일반 상대성 이론으로 중력에 의해 줄어드는 팽창 속도를 기술할 수는 있다. 서로의 인력만으로 상호 작용하는 물질이 안정적으로 존재할 수는 없다. 전체가 정지한 상태로 머무는 것은 불가능하기 때문에 우주의 구조는 시간적으로 변화할 수밖에 없다.

물론 정지한 상태에 물질을 놓으면 서로 끌어당겨 수축한 우주가 될 것이다. 하지만 무슨 이유에서인지 우리의 우주는 공간이 팽창하는 상태이며, 그것이 중력에 의해 지연되고 있는 것이다. 따라서 문제는 '왜 팽창하는가'가 아니라 '왜 우리는 팽창하는 시기를 맞았는가'라고도 할 수 있다.

우주가 팽창하기 시작한 상태에 대해서는 아직 모른다. 그때는 시간이나 공간에 대한 관점이 전혀 다른, 특별한 상태가 출현했을 것이다.

우주의 미래에는 두 가지 가능성이 있다. 첫 번째는 팽창 속도가 점점 줄어들다가 어느 순간 팽창을 멈추고 수축으로 돌아서면서 과거의 고밀도 상태를 향해 갈 가능성이다. 일반 상대성 이론은 닫힌 공간의 경우를 이렇게 예언했다.

두 번째는 열린 공간의 경우이다. 이 경우, 팽창은 영원히 계속된다. 우주는 어떤 에너지 발생도 일어나지 않고 죽음과도 같은 암흑에 휩싸여 결국에는 물질마저도 붕괴한다.

제8장
우리와 아인슈타인

통일장 이론

소립자 연구의 발전으로 우주 초기에 대한 흥미로운 연구가 이뤄지고 있다는 이야기를 했다.

물리학의 새로운 진전으로 '통일장 이론'이 한때 큰 화제가 된 바 있다. 통일장 이론은 아인슈타인이 1930년대부터 만년에 걸쳐 몰두했던 커다란 연구 과제였다. 아인슈타인은 일반 상대성 이론으로 공간이 휘어진다는 기하학적 언어로 중력을 기술하는 데 성공했다. 그 성공을 바탕으로 전기와 자기의 힘인 전자기력도 기하학적인 양으로 기술하고자 했다. 그렇게 힘의 통일된 체계를 만들기 위해 노력했다. 하지만 그의 시도는 성공하지 못했다.

그 원인 중 하나는 미시 세계 연구를 통해 소립자 사이에 작용하는 새로운 힘이 발견됐기 때문이다. 그때까지 알려져 있던 중력과 전자기력 이외에 원자핵을 붕괴시키는 힘으로서 '약한 상호작용'이 발견되었다. 이탈리아의 물리학자 페르미가 제창한 이 힘이 세 번째 힘으로 추가되었다.

그리고 일본의 유카와 히데키가 제창한 '강한 상호작용'이 네 번째 힘으로 등장했다. 양자와 중성자를 결합해 원자핵을 구성하는 힘이다. 원자핵을 만드는 힘이라는 의미에서 '핵력'이라고 한다.

미시 세계에는 네 가지 힘이 작용하고 있다. 거시 세계에서는 중력과 전자기력의 두 가지 힘만 관측되지만, 자연계에는 네 가지 힘이 있다. 현재는 이 네 가지 힘이 자연계를 지배하고 있다고 여겨진다. 통일장 이론은 이 네 가지 힘을 하나의 체계로 통일하는 이론이다.

아인슈타인은 중력과 전자기력을 통일하기 위해 애썼지만 성공하지 못했다. 하지만 최근에는 이 네 가지 힘을 모두 통일하는 이론에 관한 연구가 진행되고 있다.

전자기력과 약한 상호 작용을 통일하는 이론은 셸던 글래쇼, 스티븐 와인버그, 압두스 살람이라는 학자들에 의해 실험적으로 입증되었다. 약한 상호 작용은 평소에는 전자기력에 비해 매우 약하지만, 에너지가 높은 상호 작용의 경우에는 전자기력과 비슷한 정도로 강해진다. 그런 상태에서 이 두 가지 힘은 다양한 면에서 동질의 힘으로 보인다.

강한 상호 작용의 성질은 평소에는 전자기력이나 약한 상호 작용과 크게 다르다. 최근 양자나 중성자 혹은 중간자의 하드론이라고 불리는 소립자가 미시 세계의 기본 입자인 쿼크에서 만들어졌다는 것이 밝혀졌다. 그 쿼크 사이에 작용하는 힘을 살펴보면 강한 상호 작용은 전자기력, 약한 상호 작용과 동질의 힘으로 보인다는 것이 밝혀졌다.

중력을 포함한 네 가지 힘을 하나의 체계로 통일하려는 노력이 현실적인 목표가 된 것이다. 아인슈타인의 일반 상대성 이론은 다양한 의미에서 다른 세 힘과의 통일을 가능케 하는 면을 갖췄다.

새로운 흐름

아인슈타인이 꿈꾼 대통일 이론은 다시 한 번 현실적인 목표가 되었다. 아인슈타인에 비하면 한창 젊은 하이젠베르크, 디랙, 페르미, 유카와 등의 학자들이 문을 연 미시 세계 연구를 통해 처음으로 밝혀진 것이다. 아인슈타인 이후에 시작된 원자핵이나 소립자와 같은 미시 세계의 복잡한 현상에 관한 연구가 깊어지고 그 본질이 밝혀지면서 다시금 아인슈타인의 꿈이 현실이 되고 있는 것이다.

아인슈타인은 만년에 와서 미시 세계 연구에는 크게 관

심을 갖지 않았다. 청년 시절의 아인슈타인이 완전히 새로운 관점으로 물리학은 물론 사상계에 새로운 흐름을 만들었듯이, 그의 뒤를 잇는 청년들에 의해 아인슈타인도 생각지 못한 새로운 사고, 새로운 물리학의 '흐름'이 만들어졌다. 아인슈타인은 그 새로운 흐름을 이해하면서도 자신이 꿈꾼 물리학의 통일적 세계를 구축하기 위해 연구에 열중하며 고독한 노년을 보냈다.

아인슈타인의 만년에는 아직 일반 상대성 이론과 관계된 우주 현상 연구도 시작되지 않은 시절이었다. 또 대통일 이론이 현실적인 과제가 될 만큼 소립자 연구가 발전하지 못했다. 아인슈타인의 연구는 당시 물리학의 중심 과제에서 상당히 벗어난 상태였다. 하지만 그는 특수 상대성 이론을 만들면서 꿈꾸었던 '자연은 단순하며, 단순한 것이 진리이다'라는 자신의 자연관을 확립하기 위해 노력했다. 그의 이런 정신은 옳았던 것이다.

다만 그것은 동시에 자연에 대한 연구는 정신만으로는 달성할 수 없다는 것도 말해준다. 구체적으로 자연에 질문을 던지는 연구 없이는 자연의 모습은 드러나지 않는다.

자연을 관찰할 때 필요한 것은 '자연에 질문을 던질 때,

자신만의 이상을 가져야 한다'는 것이다. 아인슈타인이 가졌던 '자연은 단순하기 때문에 아름답다'와 같은 이상, 즉 자연을 보는 태도를 먼저 갖춰야 한다. 물론 그런 태도만으로 자연에 대한 구체적인 지식은 얻을 수 없다. 이상을 갖고 자연에 직접 질문하는 행동이 필요하다. 자연계에서 일어나는 일들을 실험을 통해 구체적으로 관찰해야 한다.

자연을 관찰할 때는 이 두 가지 태도, 즉 주체적인 태도와 구체적으로 자연을 보는 객관적인 태도를 늘 견지해야 한다. 자신의 생각, 질문하는 태도를 갖고 자연을 바라봐야 한다는 것을 아인슈타인은 자신의 생애를 통해 우리에게 가르쳐준다.

1979년은 아인슈타인 탄생 100년이 되는 해였다. 지금까지 이야기한 우주와 소립자 물리학 연구 등의 진전은 우리에게 아인슈타인의 위대함을 다시 한 번 일깨워줄 기회이기도 했다.

아인슈타인은 우리에게 자연에 관한 지식의 새로운 지평을 열어주었다. 동시에 우리가 가진 자연에 관한 인식에 또 다른 무수한 비밀과 미지의 세계를 드러냈다. 새로운 지식이 발견되면 그것을 바탕으로 또 다른 미지의 세계가 펼쳐진다. 자연의 인식이라는 것은 이처럼 인간의 호기심을 무한히 자극한다. 그리고 끊임없이 새로운 세대의 젊은이들이 그 비밀의 문을 열고 새로운 흐름을 만들어갈 것이다.

역자 후기

2016년 2월 11일 미국의 중력파 관측소 LIGO는 아인 슈타인이 예측한 중력파의 존재를 확인했다고 발표했다. 일반 상대성 이론이 탄생한 지 100년 만에 이룬 성과였다. 아인슈타인조차 회의적으로 보았던 중력파 포착은 수십 년의 끈질긴 연구와 노력이 있었기에 가능했다. 그 공로 를 인정받아 연구를 주도했던 3명의 과학자들은 2017년 노벨 물리학상을 받았다. 이로써 아인슈타인의 상대성 이 론은 또 한 번 확고한 입지를 굳혔다.

상대성 이론은 우주의 현상을 설명하는 거시적인 이론 일 뿐 아니라 원자 단위의 미시 세계를 설명할 때도 빠지 지 않는 중요한 이론이다. 자동차 내비게이션이나 휴대전 화처럼 우리의 일상생활에 활용될 뿐 아니라 중력파를 이 용해 다양한 천체 현상을 관측하고 궁극적으로는 우주 탄 생의 비밀을 풀 열쇠를 제공할 것이라고도 기대한다. 대 중적으로도 널리 알려진 이 이론에 대해 한 번쯤 들어본

적이 있거나 흥미를 느낀 이들도 적지 않을 것이다.

이 책은 아인슈타인의 상대성 이론이 탄생하기까지의 대략적인 과학사의 흐름과 아인슈타인의 생애 그리고 상대성 이론을 이해하기 위한 기본적인 명제를 복잡하고 어려운 수식 없이 간결하게 설명한다. 이야기를 따라가다 보면 누구나 상대성 이론에 대해 이해할 수 있을 것이다. 아인슈타인의 상대성 이론은 우리의 상식을 뛰어넘는 새로운 관점을 제시하지만 그 기본 명제는 실은 매우 단순하고 간결하기 때문이다. 이 책을 통해 나날이 발전하는 과학과 우주에 관심을 갖고 한 걸음 더 가까이 다가가는 기회가 되기를 바란다.

2018년 11월

옮긴이 김효진

일본의 지성을 읽는다

001 이와나미 신서의 역사
가노 마사나오 지음 | 기미정 옮김 | 11,800원

일본 지성의 요람, 이와나미 신서!
1938년 창간되어 오늘날까지 일본 최고의 지식 교양서 시리즈로 사랑받고 있는 이와나미 신서. 이와나미 신서의 사상·학문적 성과의 발자취를 더듬어본다.

002 논문 잘 쓰는 법
시미즈 이쿠타로 지음 | 김수희 옮김 | 8,900원

이와나미서점의 시대의 명저!
저자의 오랜 집필 경험을 바탕으로 글의 시작과 전개, 마무리까지, 각 단계에서 염두에 두어야 할 필수사항에 대해 효과적이고 실천적인 조언이 담겨 있다.

003 자유와 규율 -영국의 사립학교 생활-
이케다 기요시 지음 | 김수희 옮김 | 8,900원

자유와 규율의 진정한 의미를 고찰!
학생 시절을 퍼블릭 스쿨에서 보낸 저자가 자신의 체험을 바탕으로, 엄격한 규율 속에서 자유의 정신을 훌륭하게 배양하는 영국의 교육에 대해 말한다.

004 외국어 잘 하는 법
지노 에이이치 지음 | 김수희 옮김 | 8,900원

외국어 습득을 위한 확실한 길을 제시!!
사전·학습서를 고르는 법, 발음·어휘·회화를 익히는 법, 문법의 재미 등 학습을 위한 요령을 저자의 체험과 외국어 달인들의 지혜를 바탕으로 이야기한다.

005 일본병 -장기 쇠퇴의 다이내믹스-

가네코 마사루, 고다마 다쓰히코 지음 | 김준 옮김 | 8,900원

일본의 사회·문화·정치적 쇠퇴, 일본병!
장기 불황, 실업자 증가, 연금제도 파탄, 저출산·고령화의 진행, 격차와 빈곤의 가속화 등의「일본병」에 대해 낱낱이 파헤친다.

006 강상중과 함께 읽는 나쓰메 소세키

강상중 지음 | 김수희 옮김 | 8,900원

나쓰메 소세키의 작품 세계를 통찰!
오랫동안 나쓰메 소세키 작품을 음미해온 강상중의 탁월한 해석을 통해 나쓰메 소세키의 대표작들 면면에 담긴 깊은 속뜻을 알기 쉽게 전해준다.

007 잉카의 세계를 알다

기무라 히데오, 다카노 준 지음 | 남지연 옮김 | 8,900원

위대한「잉카 제국」의 흔적을 좇다!
잉카 문명의 탄생과 찬란했던 전성기의 역사, 그리고 신비에 싸여 있는 유적 등 잉카의 매력을 풍부한 사진과 함께 소개한다.

008 수학 공부법

도야마 히라쿠 지음 | 박미정 옮김 | 8,900원

수학의 개념을 바로잡는 참신한 교육법!
수학의 토대라 할 수 있는 양·수·집합과 논리·공간 및 도형·변수와 함수에 대해 그 근본 원리를 깨우칠 수 있도록 새로운 관점에서 접근해본다.

009 우주론 입문 -탄생에서 미래로-

사토 가쓰히코 지음 | 김효진 옮김 | 8,900원

물리학과 천체 관측의 파란만장한 역사!
일본 우주론의 일인자가 치열한 우주 이론과 관측의 최전선을 전망하고 우주와 인류의 먼 미래를 고찰하며 인류의 기원과 미래상을 살펴본다.

010 우경화하는 일본 정치
나카노 고이치 지음 | 김수희 옮김 | 8,900원

일본 정치의 현주소를 읽는다!
일본 정치의 우경화가 어떻게 전개되어왔으며, 우경화를 통해 달성하려는 목적은 무엇인가. 일본 우경화의 전모를 낱낱이 밝힌다.

011 악이란 무엇인가
나카지마 요시미치 지음 | 박미정 옮김 | 8,900원

악에 대한 새로운 깨달음!
인간의 근본악을 추구하는 칸트 윤리학을 철저하게 파고든다. 선한 행위 속에 어떻게 악이 녹아들어 있는지 냉철한 철학적 고찰을 해본다.

012 포스트 자본주의 -과학 · 인간 · 사회의 미래-
히로이 요시노리 지음 | 박제이 옮김 | 8,900원

포스트 자본주의의 미래상을 고찰!
오늘날 「성숙 · 정체화」라는 새로운 사회상이 부각되고 있다. 자본주의 · 사회주의 · 생태학이 교차하는 미래 사회상을 선명하게 그려본다.

013 인간 시황제
쓰루마 가즈유키 지음 | 김경호 옮김 | 8,900원

새롭게 밝혀지는 시황제의 50년 생애!
시황제의 출생과 꿈, 통일 과정, 제국의 종언에 이르기까지 그 일생을 생생하게 살펴본다. 기존의 폭군상이 아닌 한 인간으로서의 시황제를 조명해본다.

014 콤플렉스
가와이 하야오 지음 | 위정훈 옮김 | 8,900원

콤플렉스를 마주하는 방법!
「콤플렉스」는 오늘날 탐험의 가능성으로 가득 찬 미답의 영역, 우리들의 내계, 무의식의 또 다른 이름이다. 융의 심리학을 토대로 인간의 심층을 파헤친다.

015 배움이란 무엇인가

이마이 무쓰미 지음 | 김수희 옮김 | 8,900원

'좋은 배움'을 위한 새로운 지식관!

마음과 뇌 안에서의 지식의 존재 양식 및 습득 방식, 기억이나 사고의
방식에 대한 인지과학의 성과를 바탕으로 배움의 구조를 알아본다.

016 프랑스 혁명 -역사의 변혁을 이룬 극약-

지즈카 다다미 지음 | 남지연 옮김 | 8,900원

프랑스 혁명의 빛과 어둠!

프랑스 혁명은 왜 그토록 막대한 희생을 필요로 하였을까. 시대를 살
아가던 사람들의 고뇌와 처절한 발자취를 더듬어가며 그 역사적 의
미를 고찰한다.

017 철학을 사용하는 법

와시다 기요카즈 지음 | 김진희 옮김 | 8,900원

철학적 사유의 새로운 지평!

숨 막히는 상황의 연속인 오늘날, 우리는 철학을 인생에 어떻게 '사용'
하면 좋을까? '지성의 폐활량'을 기르기 위한 실천적 방법을 제시한
다.

018 르포 트럼프 왕국 -어째서 트럼프인가-

가나리 류이치 지음 | 김진희 옮김 | 8,900원

또 하나의 미국을 가다!

뉴욕 등 대도시에서는 알 수 없는 트럼프 인기의 원인을 파헤친다. 애
팔래치아 산맥 너머, 트럼프를 지지하는 사람들의 목소리를 가감 없
이 수록했다.

019 사이토 다카시의 교육력 -어떻게 가르칠 것인가-

사이토 다카시 지음 | 남지연 옮김 | 8,900원

창조적 교육의 원리와 요령!

배움의 장을 향상심 넘치는 분위기로 이끌기 위해 필요한 것은 가르
치는 사람의 교육력이다. 그 교육력 단련을 위한 방법을 제시한다.

020 원전 프로파간다 -안전신화의 불편한 진실-

혼마 류 지음 | 박제이 옮김 | 8,900원

원전 확대를 위한 프로파간다!
언론과 광고대행사 등이 전개해온 원전 프로파간다의 구조와 역사를
파헤치며 높은 경각심을 일깨운다. 원전에 대해서, 어디까지 진실인
가.

021 허블 -우주의 심연을 관측하다-

이에 마사노리 지음 | 김효진 옮김 | 8,900원

허블의 파란만장한 일대기!
아인슈타인을 비롯한 동시대 과학자들과 이루어낸 허블의 영광과 좌
절의 생애를 조명한다! 허블의 연구 성과와 인간적인 면모를 살펴볼
수 있다.

022 한자 -기원과 그 배경-

시라카와 시즈카 지음 | 심경호 옮김 | 9,800원

한자의 기원과 발달 과정!
중국 고대인의 생활이나 문화, 신화 및 문자학적 성과를 바탕으로, 한
자의 성장과 그 의미를 생생하게 들여다본다.

023 지적 생산의 기술

우메사오 다다오 지음 | 김욱 옮김 | 8,900원

지적 생산을 위한 기술을 체계화!
지적인 정보 생산을 위해 저자가 연구자로서 스스로 고안하고 동료
들과 교류하며 터득한 여러 연구 비법의 정수를 체계적으로 소개한
다.

024 조세 피난처 -달아나는 세금-

시가 사쿠라 지음 | 김효진 옮김 | 8,900원

조세 피난처를 둘러싼 어둠의 내막!
시민의 눈이 닿지 않는 장소에서 세 부담의 공평성을 해치는 온갖 악
행이 벌어진다. 그 조세 피난처의 실태를 철저하게 고발한다.

025 고사성어를 알면 중국사가 보인다

이나미 리쓰코 지음 | 이동철, 박은희 옮김 | 9,800원

고사성어에 담긴 장대한 중국사!
다양한 고사성어를 소개하며 그 탄생 배경인 중국사의 흐름을 더듬
어본다. 중국사의 명장면 속에서 피어난 고사성어들이 깊은 울림을
전해준다.

026 수면장애와 우울증

시미즈 데쓰오 지음 | 김수희 옮김 | 8,900원

우울증의 신호인 수면장애!
우울증의 조짐이나 증상을 수면장애와 관련지어 밝혀낸다. 우울증을
예방하기 위한 수면 개선이나 숙면법 등을 상세히 소개한다.

027 아이의 사회력

가도와키 아쓰시 지음 | 김수희 옮김 | 8,900원

아이들의 행복한 성장을 위한 교육법!
아이들 사이에서 타인에 대한 관심이 사라져가고 있다. 이에 「사람과
사람이 이어지고, 사회를 만들어나가는 힘」으로 「사회력」을 제시한
다.

028 쑨원 -근대화의 기로-

후카마치 히데오 지음 | 박제이 옮김 | 9,800원

독재 지향의 민주주의자 쑨원!
쑨원, 그 남자가 꿈꾸었던 것은 민주인가, 독재인가? 신해혁명으로 중
화민국을 탄생시킨 회대의 트릭스터 쑨원의 못다 이룬 꿈을 알아본다.

029 중국사가 낳은 천재들

이나미 리쓰코 지음 | 이동철, 박은희 옮김 | 8,900원

중국 역사를 빛낸 56인의 천재들!
중국사를 빛낸 걸출한 재능과 독특한 캐릭터의 인물들을 연대순으로
살펴본다. 그들은 어떻게 중국사를 움직였는가?!

030 마르틴 루터 -성서에 생애를 바친 개혁자-

도쿠젠 요시카즈 지음 | 김진희 옮김 | 8,900원

성서의 '말'이 가리키는 진리를 추구하다!

성서의 '말'을 민중이 가슴으로 이해할 수 있도록 평생을 설파하며 종교
개혁을 주도한 루터의 감동적인 여정이 펼쳐진다.

031 고민의 정체

가야마 리카 지음 | 김수희 옮김 | 8,900원

현대인의 고민을 깊게 들여다본다!

우리 인생에 밀접하게 연관된 다양한 요즘 고민들의 실례를 들며, 그
심층을 살펴본다. 고민을 고민으로 만들지 않을 방법에 대한 힌트를 얻
을 수 있을 것이다.

032 나쓰메 소세키 평전

도가와 신스케 지음 | 김수희 옮김 | 9,800원

일본의 대문호 나쓰메 소세키!

나쓰메 소세키의 작품들이 오늘날에도 여전히 사람들의 마음을 매료
시키는 이유는 무엇인가? 이 평전을 통해 나쓰메 소세키의 일생을 깊
이 이해하게 되면서 그 답을 찾을 수 있을 것이다.

033 이슬람문화

이즈쓰 도시히코 지음 | 조영렬 옮김 | 8,900원

이슬람학의 세계적 권위가 들려주는 이야기!

거대한 이슬람 세계 구조를 지탱하는 종교・문화적 밑바탕을 파고들
며, 이슬람 세계의 현실이 어떻게 움직이는지 이해한다.

IWANAMI 034

아인슈타인의 생각

초판 1쇄 인쇄 2018년 12월 10일
초판 1쇄 발행 2018년 12월 15일

저자 : 사토 후미타카
번역 : 김효진

펴낸이 : 이동섭
편집 : 이민규, 서찬웅, 탁승규
디자인 : 조세연, 백승주, 김현승
영업 · 마케팅 : 송정환
e-BOOK : 홍인표, 김영빈, 유재학, 최정수
관리 : 이윤미

㈜에이케이커뮤니케이션즈
등록 1996년 7월 9일(제302-1996-00026호)
주소 : 04002 서울 마포구 동교로 17안길 28, 2층
TEL : 02-702-7963~5   FAX : 02-702-7988
http://www.amusementkorea.co.kr

ISBN 979-11-274-2088-8 04400
ISBN 979-11-7024-600-8 04080

EINSTEIN GA KANGAETA KOTO
by Fumitaka Sato
Copyright © 1981 by Fumitaka Sato
First published 1981 by Iwanami Shoten, Publishers, Tokyo.
This Korean edition published 2018
by AK Communications, Inc., Seoul
by arrangement with the author c/o Iwanami Shoten, Publishers, Tokyo.

이 책의 한국어판 저작권은 일본 IWANAMI SHOTEN과의 독점계약으로
㈜에이케이커뮤니케이션즈에 있습니다.
저작권법에 의해 한국 내에서 보호를 받는 저작물이므로 무단전재와 무단복제를 금합
니다.

이 도서의 국립중앙도서관 출판예정도서목록(CIP)은 서지정보유통지원시스템 홈페
이지(http://seoji.nl.go.kr)와 국가자료공동목록시스템(http://www.nl.go.kr/kolisnet)
에서 이용하실 수 있습니다. (CIP제어번호: CIP2018037216)

*잘못된 책은 구입한 곳에서 무료로 바꿔드립니다.